◆◆◆ 全国建设行业中等职业教育推荐
住房和城乡建设部中等职业教育市政
施工与给水排水专业指导委员会规划推荐教材

市政工程资料管理

（市政工程施工专业）

马丽琴　主　编
李　丹　副主编

中国建筑工业出版社

图书在版编目（CIP）数据

市政工程资料管理/马丽琴主编. —北京：中国建筑工业出版社，
2017.3（2024.11重印）
全国建设行业中等职业教育推荐教材. 住房和城乡建设部中等
职业教育市政工程施工与给水排水专业指导委员会规划推荐教材
（市政工程施工专业）
ISBN 978-7-112-20330-7

Ⅰ.①市…　Ⅱ.①马…　Ⅲ.①市政工程-技术档案-档案管理-
中等专业学校-教材　Ⅳ.①G275.3

中国版本图书馆CIP数据核字（2017）第013865号

本书系统地介绍了道路工程、排水工程、城市桥梁工程从施工准备到竣工验收全过程的工程资料管理内容及城建档案馆对工程资料的收集、整理、组卷归档的管理职责及管理模式。本书共包括6个项目26个任务，每个任务中包括情境描述、任务实施、学习支持、提醒、实践活动、任务评价等内容。本书附有3套工程图纸（电子版）作为案例图纸使用。

本书可作为中等职业学校市政工程施工及相关专业的教材，也可供市政工程专业技术人员参考。

为了更好地支持相应课程的教学，我们向采用本书作为教材的教师提供课件，有需要者可与出版社联系。

建工书院：http://edu.cabplink.com/index
邮箱：jckj@cabp.com.cn,2917266507@qq.com
电话：010-58337285

责任编辑：聂　伟　陈　桦
责任校对：李欣慰　关　健

全国建设行业中等职业教育推荐教材
住房和城乡建设部中等职业教育市政工程施工与给水排水专业指导委员会规划推荐教材
市政工程资料管理
（市政工程施工专业）
马丽琴　主　编
李　丹　副主编
＊
中国建筑工业出版社出版、发行（北京海淀三里河路9号）
各地新华书店、建筑书店经销
北京科地亚盟排版公司制版
建工社（河北）印刷有限公司印刷
＊
开本：787×1092毫米　1/16　印张：10¼　字数：226千字
2017年4月第一版　2024年11月第五次印刷
定价：**25.00**元（赠教师课件）
ISBN 978-7-112-20330-7
　　　（29733）

本系列教材编委会 ◆◆◆

序言 ◆◆

    住房和城乡建设部中等职业教育专业指导委员会是在全国住房和城乡建设职业教育教学指导委员会、住房和城乡建设部人事司的领导下，指导住房城乡建设类中等职业教育（包括普通中专、成人中专、职业高中、技工学校等）的专业建设和人才培养的专家机构。其主要任务是：研究建设类中等职业教育的专业发展方向、专业设置和教育教学改革；组织制定并及时修订专业培养目标、专业教育标准、专业培养方案、技能培养方案，组织编制有关课程和教学环节的教学大纲；研究制订教材建设规划，组织教材编写和评选工作，开展教材的评价和评优工作；研究制订专业教育评估标准、专业教育评估程序与办法，协调、配合专业教育评估工作的开展等。

    本套教材是由住房和城乡建设部中等职业教育市政工程施工与给水排水专业指导委员会（以下简称专指委）组织编写的。该套教材是根据教育部 2014 年 7 月公布的《中等职业学校市政工程施工专业教学标准（试行）》、《中等职业学校给排水工程施工与运行专业教学标准（试行）》编写的。专指委的委员专家参与了专业教学标准和课程标准的制定，并将教学改革的理念融入教材的编写，使本套教材能体现最新的教学标准和课程标准的精神。目前中等职业教育教材建设中存在教材形式相对单一、教材结构相对滞后、教材内容以知识传授为主、教材主要由理论课教师编写等问题。为了更好地适应现代中等职业教育的需要，本套教材在编写中体现了以下特点：第一，体现终身教育的理念；第二，适应市场的变化；第三，专业教材要实现理实一体化；第四，要以项目教学和就业为导向。此外，教材中采用了最新的规范、标准、规程，体现了先进性、通用性、实用性。

    本套系列教材凝聚了全国中等职业教育"市政工程施工专业"和"给排水工程施工与运行专业"教师的智慧和心血。在此，向全体主编、参编、主审致以衷心的感谢。

    教学改革是一个不断深化的过程，教材建设是一个不断推陈出新的过程，需要在教学实践中不断完善，希望本套教材能对进一步开展中等职业教育的教学改革发挥积极的推动作用。

住房和城乡建设部中等职业教育市政工程施工与给水排水专业指导委员会

2015 年 10 月

前言 ◆◆
Preface

　　市政工程资料是市政工程实体质量的见证，也是对市政工程进行检查、验收、移交、使用、管理、维修、改建和扩建的原始依据。本书根据《建设工程文件归档整理规范》GB/T 50328—2014、《城镇道路工程施工与质量验收规范》CJJ 1—2008、《给水排水管道工程施工及验收规范》GB 50268—2008、《城市桥梁工程施工与质量验收规范》CJJ 2—2008 等规范，紧紧围绕教育部 2014 年颁布的《中等职业学校市政工程施工专业教学标准（试行）》的要求编写。

　　本书主要内容包括：市政工程资料管理基础知识、道路工程施工资料管理、排水工程施工资料管理、城市桥梁工程施工资料管理、市政工程施工资料整理、施工资料管理编制软件。本书附有 3 套工程图纸（电子版）作为案例图纸，与本书配套使用。本书中的市政基础设施工程施工技术资料用表和档案整理、归档要求满足住房和城乡建设部的相关要求。各学校可在此基础上结合本地实际情况选用资料表格。

　　本书由广州市市政职业学校马丽琴任主编，广州大学市政技术学院李丹任副主编。参加本书编写的还有广州大学市政技术学院林煌，广州市市政职业学校冼洁仪，辽宁城市建设职业技术学院张铁成，广州市建筑工程职业学校石明霞。具体分工为：项目 1、项目 5 由林煌编写，项目 2 由李丹编写，项目 3 由马丽琴编写，项目 4 由冼洁仪编写，项目 6 由张铁成编写。《龙腾路道路工程图纸》《吉祥路排水工程图纸》由马丽琴绘制，《吉祥桥工程图纸》由石明霞绘制。

　　由于编者水平有限，书中难免存在不足之处，恳请读者批评指正。

目录 ◆◆◆ Contents

项目 1
市政工程资料管理基础知识

【项目概述】

> 完整、真实的工程资料是市政工程实体质量的见证，是城市基础设施管理、使用、改建和扩建的依据，是城市建设档案的重要组成部分。规范工程资料管理是提高工程管理水平不可或缺的工作。
>
> 本项目要求学生掌握市政工程及市政工程资料管理的概念和内容、施工资料管理流程及工程资料员岗位职责、施工管理与测量资料知识。

任务 1.1　市政工程资料管理认知

【情境描述】　教学活动场景与任务目标说明

围绕市政工程资料的含义，即具体内容，施工资料的编制依据、如何编制等具体问题开展教学，通过教师讲解相应说明及要求，使学生能够正确认知市政工程资料管理。

【任务实施】　市政工程资料管理认知

一、掌握市政工程及市政工程资料管理的概念和内容

1. 给出问题，思考如何理解市政工程及市政工程资料管理。

2. 市政工程及市政工程资料管理的概念和内容。

（1）市政工程

市政工程（municipal engineering）是指市政设施建设工程，是在城市区、镇（乡）规划建设范围内设置，基于政府责任和义务，为居民提供有偿或无偿公共产品和服务的各种建筑物、构筑物、设备等。市政工程包括城市道路、桥梁、给水排水、污水处理、城市防洪、园林、道路绿化、路灯、环境卫生等城市公用事业工程。

（2）市政工程资料管理

市政工程资料是记载市政工程施工任务全过程的一项重要内容，既是城建档案的重要组成部分，也是工程竣工交付使用的必备文件，又是对工程进行检查、验收、移交、使用、管理、维修、改建和扩建的原始依据。

建设工程资料从工程准备到竣工验收，需要收集大量的数据及填写大量的表格，这是一个庞大的系统工程。工程资料的形成，涉及工程项目的诸多相关单位，只有他们各有分工，各司其职，协同工作，最后才能形成一套完整的工程资料。这些相关单位包括建设、勘察、设计、监理、施工和城建档案管理单位等。因此，相关各单位应设专人负责工程资料的收集、整理与归档，应建立健全的工程资料管理岗位责任制，以确保工程资料的完整性、真实性和适时性。

本书所阐述的市政工程资料管理主要是针对施工单位的资料管理，市政工程资料管理工作直接反映了一个市政施工企业的管理水平。

3. 完成概念和内容的理解

依据前述知识，学生能通过自我理解将相关知识转述为简练语句。

二、掌握施工资料管理流程及工程资料员岗位职责

1. 给出问题，思考施工单位资料管理应如何开展及工程资料员应履行的岗位职责。

2. 施工资料管理流程及工程资料员岗位职责

(1) 施工资料管理

1) 基本规定

①施工资料应实行报验、报审管理。施工过程中形成的资料应按报验、报审程序，通过相关施工单位审核后，方可报建设（监理）单位。

②施工资料的报验、报审应满足时限性要求。工程各相关单位宜在合同中约定报验、报审资料的申报时间及审批时间，并约定应承担的责任。当无约定时，施工资料的申报、审批不得影响正常施工。

③建筑工程实行总承包的，应在与分包单位签订施工合同中明确施工资料的移交套数、移交时间、质量要求及验收标准等。分包工程完工后，应将有关施工资料按约定移交。

2) 施工资料管理流程

施工技术资料管理流程、施工质量报验资料管理流程、部位工程报验资料管理流程及竣工报验资料管理流程分别如图1-1～图1-4所示。

(2) 工程资料员岗位职责

1) 负责做好工程文件、资料的收发和归档工作；

2) 严格遵守国家和当地的有关施工技术、质量安全资料的管理规定，对所有管辖范围内的工程技术资料和质量体系运行证据进行收集整理；

3) 按公司质量体系要求，对文件和资料进行管理，编制在用有效文件清单；对文件的发放进行控制，形成文件发放清单；竣工交付后整理好所有文件和资料，移交到公司档案室并填写相应记录；

4) 各种资料的编制整理要做到及时、完整、准确，对提供资料的真实、完整负责；

5) 负责竣工资料的整理、成册、汇总和装订工作；

6) 负责工程项目部文案工作；

7) 做好与公司机关及外来人员的联络接待工作；

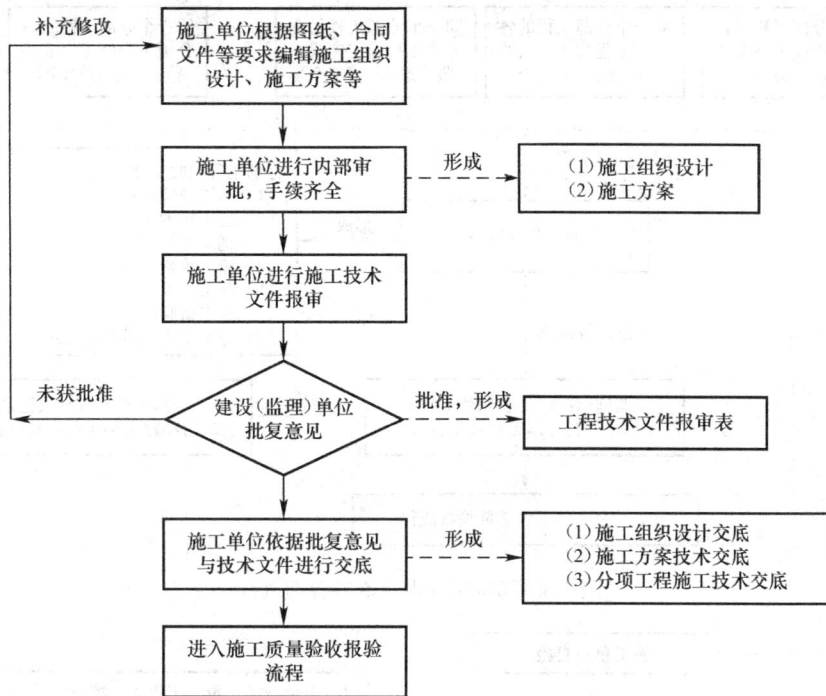

图 1-1 施工技术资料管理流程

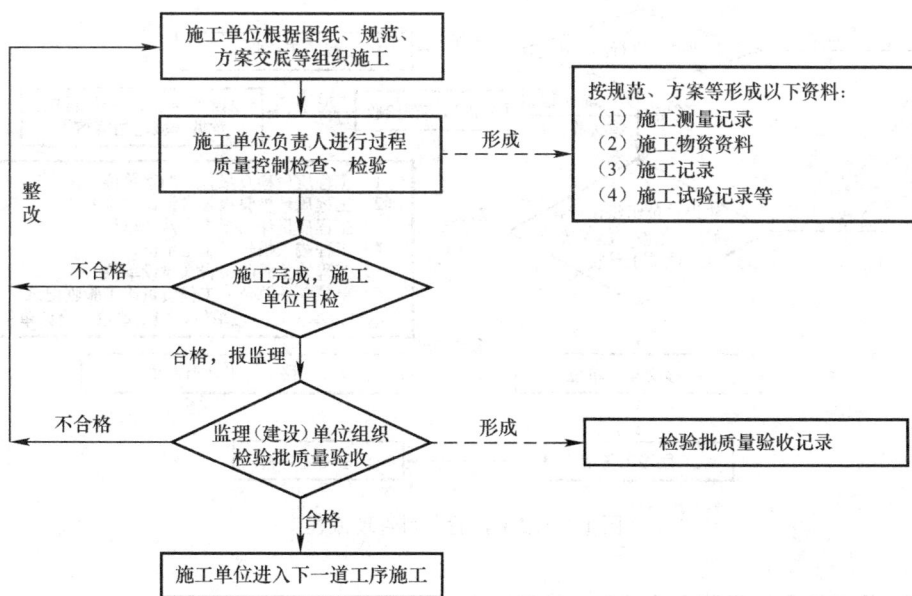

图 1-2 施工质量报验资料管理流程

8）努力学习业务知识，熟悉工程资料管理作业流程；

9）完成领导交办的其他工作。

3. 完成对施工资料管理流程及工程资料员岗位职责的理解

学生能通过自我理解将相关知识转述为简练语句。

```
┌──────────────┐ ┌──────────────┐ ┌──────────────┐           ┌──────────────┐
│同一个分部工程的各│ │同一个分部工程的各│ │同一个分部工程的各│           │同一个分部工程的各│
│分项工程施工完成并│ │分项工程施工完成并│ │分项工程施工完成并│  ……       │分项工程施工完成并│
│验收通过(第一个)│ │验收通过(第二个)│ │验收通过(第三个)│           │验收通过(第N个)│
└──────────────┘ └──────────────┘ └──────────────┘           └──────────────┘
```

同一分部工程
全部分项工程完成↓

┌──────────────────┐   ┌────────────────────────┐
│   施工单位自检   │── 形成 ──→│分部工程验收文件: │
└──────────────────┘   │(1)施工管理资料   │
                               │(2)施工技术资料   │
合格,报监理↓   │(3)施工测量记录   │
                               │(4)施工物资资料   │
┌──────────────────┐   │(5)施工记录   │
│监理(建设)单位组织施工│   │(6)施工试验记录   │
│单位进行分部工程质量验收│── 形成 →│(7)分项工程质量验收记录 │
└──────────────────┘   └────────────────────────┘
            ↓   ┌────────────────────────┐
┌──────────────────┐   │(1)分部工程质量验收记录 │
│下一个分部工程质量验收流程│   │(2)分项/分部工程报验申请表│
└──────────────────┘   └────────────────────────┘

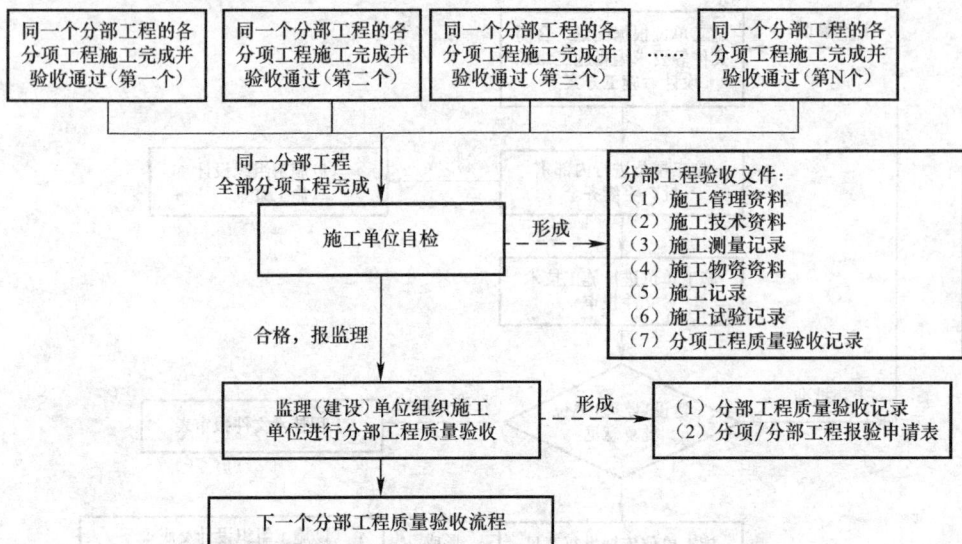

图 1-3   部位工程报验资料管理流程

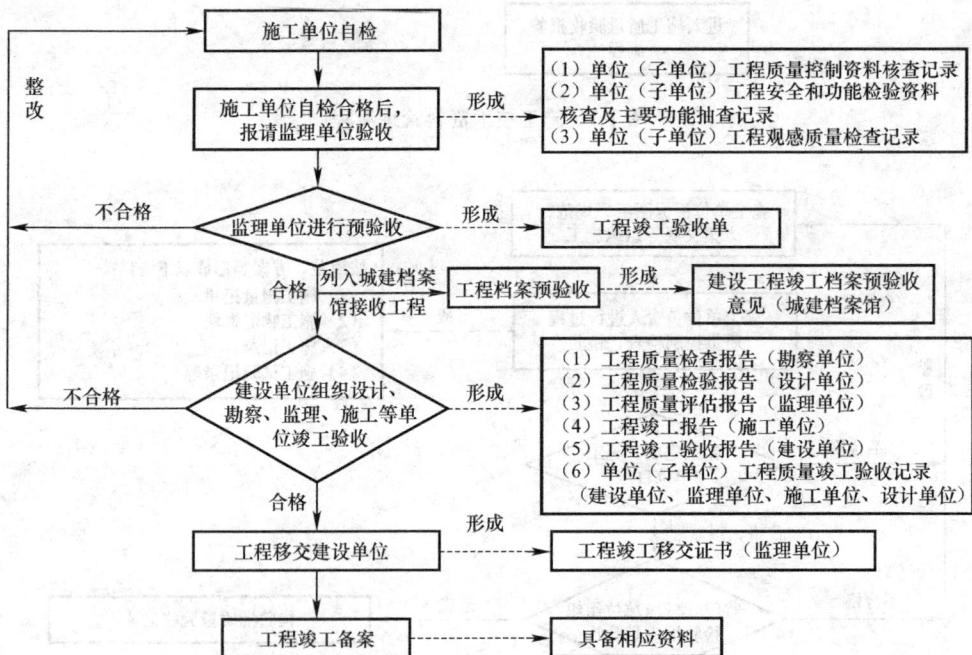

┌──────────────────┐
│   施工单位自检   │
└──────────────────┘
整改↓
┌──────────────────┐   ┌──────────────────────────────┐
│施工单位自检合格后,│── 形成 ──→│(1)单位(子单位)工程质量控制资料核查记录│
│报请监理单位验收   │   │(2)单位(子单位)工程安全和功能检验资料│
└──────────────────┘   │   核查及主要功能抽查记录   │
                               │(3)单位(子单位)工程观感质量检查记录│
                               └──────────────────────────────┘
不合格←◇监理单位进行预验收◇── 形成 ──→┌──────────────┐
                               │ 工程竣工验收单 │
                               └──────────────┘
合格↓ 列入城建档案
    馆接收工程 ┌──────────────┐── 形成 ──→┌──────────────────┐
              │ 工程档案预验收 │   │建设工程竣工档案预验收│
              └──────────────┘   │意见(城建档案馆) │
                                         └──────────────────┘
不合格←◇建设单位组织设计、◇── 形成 ──→┌──────────────────────────────┐
       勘察、监理、施工等单│   │(1)工程质量检查报告(勘察单位)│
       位竣工验收   │   │(2)工程质量检验报告(设计单位)│
                          ◇   │(3)工程质量评估报告(监理单位)│
                                      │(4)工程竣工报告(施工单位) │
合格↓   │(5)工程竣工验收报告(建设单位)│
                                      │(6)单位(子单位)工程质量竣工验收记录│
                                      │   (建设单位、监理单位、施工单位、设计单位)│
                                      └──────────────────────────────┘
┌──────────────────┐── 形成 ──→┌──────────────────────┐
│ 工程移交建设单位 │   │工程竣工移交证书(监理单位)│
└──────────────────┘   └──────────────────────┘
        ↓
┌──────────────────┐   ┌──────────────┐
│   工程竣工备案   │-----------│ 具备相应资料 │
└──────────────────┘   └──────────────┘

图 1-4   竣工报验资料管理流程

【学习支持】 市政工程资料编制依据

《建设工程文件归档整理规范》GB/T 50328—2014

【提醒】 教与学注意点

由于资料管理涉及多方参建单位,需明确本书所指资料管理主要是针对施工单位的资料管理。

【实践活动】　工作任务布置

学生收集查找编制依据资料。

【任务评价】

1. 自评（20%）：

知识内容的理解　很好☐　较好☐　一般☐　还需努力☐

2. 小组互评（40%）：

表述内容的准确性　优☐　良☐　中☐　差☐

3. 教师评价（40%）：

知识内容掌握的程度　优☐　良☐　中☐　差☐

任务 1.2　施工管理、测量资料认知

【情境描述】　教学活动场景与任务目标说明

市政工程施工过程资料包括施工管理文件、材料出厂合格证书、试验与检验报告、施工记录、质量检验评定。本任务主要介绍施工管理资料和施工记录中的测量资料。

施工管理是指施工员在施工现场解决施工组织设计和现场关系的管理，施工组织设计的实施是施工员在现场监督、测量交接、编写施工日志，上报施工进度、质量，处理现场问题，在组织管理和处理问题的过程中都必须进行详细的记录并进行相关资料的收集和整理。

测量放线主要包括水准测量、角度测量、距离测量及直线定向、地形图及其应用、施工测量的基本工作、施工控制测量、建筑工程施工测量、线路工程测量等内容，是必须在工程施工以前完成的工作内容，在测量的过程中必须进行详细的记录并进行相关资料的收集和整理。

本任务主要是学生对施工管理资料中开工报告、竣工报告、施工图会审、施工交底、施工总结等相关内容的认知；测量资料中水准测量、控制桩测量、导线点测量、施工放样测量相关内容的认知。

【任务实施】　施工管理、测量资料认知

一、开工报告的相关知识

单位工程开工必须具备下列条件：

1. 已发出工程中标通知书和签署工程施工合同（国务院令 279 号、293 号，建设部令 134 号）。

2. 施工图设计文件必须经过施工图审查机构审查。

3. 施工组织设计（或总施工方案）已经编制和审批，且进行了交底。

4. 现场"三通一平"及工、料、机、临设等已经满足施工要求。施工场地内外交通、施工用水、用电、排水能满足施工要求；场内障碍物已基本清除；后勤工作能满足施工和生活需要；设备、材料、机械等已准备好并能满足连续施工需要；劳动力已调集，并经必要的安全教育和上岗培训。

5. 施工图经过会审，图纸中存在问题或错误已修正和补充完善。

6. 已进行设计交底工作，建设、监理、施工等各方已清楚设计意图及设计要点和施工中的各关键部位、环节等。

7. 工程控制基准点、基线已办妥交接手续，且经复核符合要求。

8. 已经办理工程安全、质量监督手续（《建设工程质量管理条例》第十三条）。

9. 已办理施工许可证（建设部令第 71 号《建筑工程施工许可管理办法》）。

相关表格的填报单位为施工单位，审批单位为建设单位。

二、竣工报告的相关知识

工程竣工报告是由施工单位对已完工程进行检查，确认工程质量符合有关法律、法规和工程建设强制性标准，符合设计及合同要求而提出的工程竣工文书，该报告应经项目经理和施工单位有关负责人审核签字加盖单位公章。

工程竣工报告必须经总监理工程师签署意见并加盖单位公章。

工程竣工验收申请应具备以下条件：

1. 完成工程设计和合同约定的各项内容，若因一些客观条件影响（如拆迁阻碍等因素）没能完成，可由建设单位与施工单位签署补充合同或由设计单位出具设计变更。

2. 有完整的技术档案和施工管理资料。

3. 有工程使用的主要建筑材料、建筑构配件和设备的进场试验报告。

4. 市政基础设施工程有质量检测和功能性试验资料。

5. 有建设工程施工安全评价结论。

6. 建设单位已按合同约定支付工程款。

7. 有施工单位签署的工程质量保修书。

8. 建设行政主管部门及其委托的工程质量监督机构等有关部门责令整改的问题全部整改完毕。

三、施工图会审记录表的相关知识

工程开工前，施工图设计文件必须报经施工图设计文件审查机构审查，再由建设单位组织有关单位（设计、施工、监理等）对施工图设计文件进行会审，并按单位工程填写施工图设计文件会审记录。

施工图设计文件未经会审不得进行施工，其会审的内容主要如下：

1. 施工图设计是否符合国家有关的技术标准、规范，是否经济合理。

2. 施工图设计是否符合施工技术装备条件，如需要采取特殊技术措施时，技术上有无困难，能否保证安全施工和工程质量。

3. 有无特殊材料（含新材料）要求的品种、规格、数量等，且是否满足需要。

4. 工程结构与安装之间有无重大矛盾。

5. 施工图设计及说明是否齐全、清楚、明确。

6. 施工图设计所示的结构尺寸、标高、坐标及管线与实际地形地貌，原有构筑物、道路等是否相阻碍等。

四、施工交底相关记录表的知识

"交底"是指在某一项工作（多指技术工作）开始前，由主管领导向参与人员进行的技术性交待，其目的是使参与人员对所要进行的工作技术上的特点、技术质量要求、工作方法与措施等有一个较详细的了解，以便于科学组织施工，避免技术质量事故的发生。各项技术交底记录也是工程技术档案资料中不可缺少的部分。交底主要包括设计交底（设计依据、设计要点、补充说明、注意事项等）、施工技术交底（施工组织设计交底、工序施工交底）。

1. 施工图交底相关知识

在工程施工前，建设单位应当按施工程序或需要组织设计单位、施工单位、监理单位等进行设计交底。设计交底应包括设计依据、设计要点、补充说明、注意事项等，并做交底记录。

交底记录也可用于施工单位的技术负责人组织单位内部的各项施工技术人员进行施工图设计文件交底。

交底双方应有签认手续，交底后，接受人组织操作人员认真学习和讨论，保证设计意图和要求的落实。

2. 施工组织设计（方案）交底相关知识

施工单位应在施工前进行施工组织设计（方案）交底。

施工单位的技术负责人和施工组织设计（方案）编制者应对各级施工技术人员进行施工组织设计（方案）主要内容的交底。

交底双方应有签认手续，交底后接受人应组织操作人员认真学习和讨论，保证其技术措施得以落实。

3. 施工技术交底相关知识

施工技术交底是技术负责人把设计要求与施工技术要求逐层详细地交待、逐级贯彻的过程。技术交底的目的是为了各级施工人员（特别是操作人员）对技术要求心中有数，以便组织施工，按合理的工序，科学的工艺进行作业。技术交底可适时分级进行，且应细致和齐全。

施工单位应在施工前进行施工技术交底。施工技术交底包括工程各分部、分项（特别是关键分部、重点分项）、特殊（复杂）结构、新材料、新工艺、新技术的交底。

交底双方应有签认手续，交底后接受人应组织操作人员认真学习和讨论，保证其技术措施得以实施。

五、施工总结资料相关知识

施工总结资料主要包括：

1. 工程概况；

2. 竣工的主要工程数量和质量情况；

3. 使用的新技术、新工艺、新材料、新设备；

4. 施工过程中遇到的问题及处理方法；

5. 工程中发生的主要变更和洽商；

6. 遗留的问题及建议等。

六、测量（复核）资料认知

1. 水准测量（复核）记录表的相关知识

水准测量（复核）的记录表格，是指在接受和使用测量标志前，对工程的高程控制点进行测量和复核，以确保其误差值在规范允许范围内。

水准测量的范围一般为标高控制点，基准观测点等，如建筑物、构筑物的标高点等。

凡进行高程测量必须进行记录。

2. 控制桩测量（复核）记录表的相关知识

控制桩测量（复核）的记录表格，是指在接收和使用测量标志前，对工程的控制线、控制点进行复核测量，以确保其误差值在规范允许范围内。

控制桩测量的范围一般为导线控制点、标高控制点等，如建筑物、构筑物的位置线、标高点等。

3. 导线点测量（复核）记录表、施工放样测量（复核）记录表的相关知识

导线点测量（复核）记录表是在对导线点进行测量复核时使用，确保其误差值在规范允许范围内。

施工放样测量（复核）记录表是在进行施工放样测量复核时使用，确保其误差值在规范允许范围内。

【学习支持】 相关资料知识来源

《城镇道路工程施工与质量验收规范》CJJ 1—2008

《建设工程质量管理条例》

《建筑工程施工许可管理办法》

《工程测量规范》GB 50026—2007

《工程测量基本术语标准》GB/T 50228—2011

《城市测量规范》CJJ/T 8—2011

《工程测量成果检查验收和质量评定标准》YB 9008—98

【提醒】 教与学注意点

明确市政工程施工组织管理资料、施工测量资料相关知识及具体要求。

【实践活动】 工作任务布置

学生能够叙述施工管理资料、施工测量资料的相关内容。

【任务评价】

1. 自评（20%）：施工管理资料相关内容的理解　很好□　较好□　一般□　还需努力□

口述测量资料相关内容　很好□　较好□　一般□　还需努力□

2. 小组互评（40%）：

是否能正确口述相关内容　　　优□　良□　中□　差□

3. 教师评价（40%）：

是否能正确口述相关内容　　　优□　良□　中□　差□

项目 2
道路工程施工资料管理

【项目概述】

道路工程施工资料管理是道路工程施工技术管理中的重要组成部分，是施工质量控制中不可缺少的环节。为了使道路工程施工资料管理具有规范性、合理性、逻辑性，并能为工程验收、结算等提供可靠依据，应对道路工程施工资料相关内容进行全面汇总、编制，使之成为当地城建档案管理机构要求的施工文件。本项目主要介绍了道路工程分项、分部、单位工程划分，路基、基层、面层、附属工程及竣工资料的编制。

任务 2.1　道路工程分项、分部、单位工程划分

【情境描述】　教学活动场景与任务目标说明

道路工程分项、分部、单位工程划分必须依据《城镇道路工程施工与质量验收规范》CJJ 1—2008 进行。正确划分分项、分部、单位工程是做好施工资料管理的前提。本任务的学习目标是能根据《城镇道路工程施工与质量验收规范》对道路工程进行分项、分部、单位工程的划分。

【任务实施】　按照规范要求对道路工程进行分项、分部、单位工程划分

本项工作任务介绍如何根据《城镇道路工程施工与质量验收规范》，对道路工程项目的工程内容进行分项、分部、单位工程的划分，见表 2-1。

城镇道路分部（子分部）工程与相应的分项工程、检验批　　　　表 2-1

单位工程（子单位工程）		城市道路工程中独立合同，每一个独立设计等	
分部工程	（子分部工程）	分项工程	检验批
路基	—	土方路基	每条路或路段
		石方路基	每条路或路段
		路基处理	每条处理段
		路肩	每条路肩
基层		石灰土基层	每条路或路段
		石灰粉煤灰稳定砂砾（碎石）基层	每条路或路段
		石灰粉煤灰钢渣基层	每条路或路段
		水泥稳定土类基层	每条路或路段
		级配砂砾（砾石）基层	每条路或路段
		级配碎石（碎砾石）基层	每条路或路段
		沥青碎石基层	每条路或路段
		沥青贯入式基层	每条路或路段
面层	沥青混合料面层	透层	每条路或路段
		粘层	每条路或路段
		封层	每条路或路段
		热拌沥青混合料面层	每条路或路段
		冷拌沥青混合料面层	每条路或路段
	沥青贯入式与沥青表面处治面层	沥青贯入式面层	每条路或路段
		沥青表面处治面层	每条路或路段
	水泥混凝土面层	水泥混凝土面层（模板、钢筋、混凝土）	每条路或路段
	铺砌式面层	料石面层	每条路或路段
		预制混凝土砌块面层	每条路或路段
广场与停车场	—	料石面层	每个广场或划分的区段
		预制混凝土砌块面层	每个广场或划分的区段
		沥青混合料面层	每个广场或划分的区段
		水泥混凝土面层	每个广场或划分的区段
人行道	—	料石人行道铺砌面层（含盲道砖）	每条路或路段
		混凝土预制块铺砌人行道面层（含盲道砖）	每条路或路段
		沥青混合料铺筑面层	每条路或路段
人行地道结构	现浇钢筋混凝土人行地道结构	地基	每座通道
		防水	每座通道
		基础（模板、钢筋、混凝土）	每座通道
		墙与顶板（模板、钢筋、混凝土）	每座通道
	预制安装钢筋混凝土人行地道结构	墙与顶部构件预制	每座通道
		地基	每座通道
		防水	每座通道
		基础（模板、钢筋、混凝土）	每座通道
		墙板、顶板安装	每座通道
	砌筑墙体、钢筋混凝土顶板人行地道结构	顶部构件预制	每座通道
		地基	每座通道
		防水	每座通道
		基础（模板、钢筋、混凝土）	每座通道
		墙体砌筑	每座通道
		顶部构件、顶板安装	每座通道
		顶部现浇（模板、钢筋、混凝土）	每座通道

分部工程	（子分部工程）	分项工程	检验批
挡土墙	现浇钢筋混凝土挡土墙	地基	每道挡土墙地基或分段
		基础	每道挡土墙地基或分段
		墙（模板、钢筋、混凝土）	每道墙体或分段
		滤层、泄水孔	每道墙体或分段
		回填土	每道墙体或分段
		帽石	每道墙体或分段
		栏杆	每道墙体或分段
	装配式钢筋混凝土挡土墙	挡土墙板预制	每道墙体或分段
		地基	每道挡土墙地基或分段
		基础（模板、钢筋、混凝土）	每道墙体或分段
		墙板安装	每道墙体或分段
		滤层、泄水孔	每道墙体或分段
		回填土	每道墙体或分段
		帽石	每道墙体或分段
		栏杆	每道墙体或分段
	砌筑挡土墙	地基	每道挡土墙地基或分段
		基础（砌筑、混凝土）	每道墙体或分段
		墙体砌筑	每道墙体或分段
		滤层、泄水孔	每道墙体或分段
		回填土	每道墙体或分段
		帽石	每道墙体或分段
	加筋土挡土墙	地基	每道挡土墙地基或分段
		基础（模板、钢筋、混凝土）	每道墙体或分段
		加筋挡土墙砌块与筋带安装	每道墙体或分段
		滤层、泄水孔	每道墙体或分段
		回填土	每道墙体或分段
		帽石	每道墙体或分段
		栏杆	每道墙体或分段
附属构筑物工程	—	路缘石	每条路或路段
		雨水支管与雨水口	每条路或路段
		排（截）水沟	每条路或路段
		倒虹管及涵洞	每座结构
		护坡	每条路或路段
		隔离墩	每条路或路段
		隔离栅	每条路或路段
		护栏	每条路或路段
		声屏障	每条路或路段
		防眩板	每条路或路段

注：道路工程的检验批一般按不大于 200m 的长度划分。

【学习支持】 城镇道路工程分项、 分部、 单位工程划分依据

城镇工程分项、分部、单位工程划分必须依据《城镇道路工程施工与质量验收规范》CJJ 1—2008 进行。

【提醒】 教与学注意点

学习《城镇道路工程施工与质量验收规范》中城镇道路工程分项、分部、单位工程划分，在规范查找时应注意国家规范编制或修订的时间，应选用最新的版本。

【实践活动】 工作任务布置

依据《城镇道路工程施工与质量验收规范》中城镇道路工程分项、分部、单位工程划分表，对《龙腾路道路工程》进行分项、分部、单位工程划分。

【任务评价】

1. 自评（20%）：图纸内容理解　　　　　　　很好□　较好□　一般□　还需努力□

城镇道路工程分项、分部、单位工程划分表理解　很好□　较好□
　　　　　　　　　　　　　　　　　　　　　　　　　　　一般□　还需努力□

2. 小组互评（40%）：

对《龙腾路道路工程》分项、分部、单位工程划分情况　　优□　良□　中□　差□

3. 教师评价（40%）：

对《龙腾路道路工程》分项、分部、单位工程划分情况　　优□　良□　中□　差□

任务 2.2　路基工程资料编制

【情境描述】 教学活动场景与任务目标说明

道路路基工程施工包括路基开挖、路基回填、基底处理、路肩施工等项目。通过教师讲解规范的资料填写要求，使学生能够正确填写路基工程资料。

【任务实施】 路基工程资料编制

一、土方路基检验批质量验收记录表填写

1. 给出土方路基检验批质量验收记录表（见附表1），了解其填写内容。

2. 学习土方路基检验批的质量验收标准

（1）主控项目（经抽样检验合格），对应质量验收记录表的知识要求为：

1）路基压实度应符合 CJJ 1—2008 的表 6.3.12-2 的规定，具体见表 2-2。

检查数量：每 $1000m^2$、每压实层 3 点。

检验方法：环刀法、灌水法或灌砂法。

路基压实度标准 表 2-2

填挖类型	路床顶面以下深度（cm）	道路类别	压实度(%)（重型击实）	检验频率		检验方法
				范围	点数	
挖方	0~30	城市快速路、主干路	≥95			
		次干路	≥93			
		支路及其他小路	≥90			
填方	0~80	城市快速路、主干路	≥95	1000m²	每层3点	环刀法、灌水法或灌砂法
		次干路	≥93			
		支路及其他小路	≥90			
	80~150	城市快速路、主干路	≥93			
		次干路	≥90			
		支路及其他小路	≥90			
	>150	城市快速路、主干路	≥90			
		次干路	≥90			
		支路及其他小路	≥87			

2）弯沉值：不应大于设计规定。

检查数量：每车道、每20m测1点。

检验方法：弯沉仪检测。

（2）一般项目（抽样检验的合格率应达到80%，且超差点的最大偏差值应在允许偏差值的1.5倍范围内），一般项目中合格率按下式计算：

$$合格率(\%) = \frac{合格点数}{应测点数} \times 100\%$$

1）土路基的允许偏差应符合表 2-3 的规定。

土路基允许偏差 表 2-3

检验项目	允许误差	检验频率			检验方法
		范围（m）	点数		
路床纵断高程（mm）	−20 +10	20	1		用水准仪测量
路床中线偏位（mm）	≤30	100	2		用经纬仪、钢尺量取最大值
路床平整度（mm）	≤15	20	路宽（m）	<9	1	用3m直尺和塞尺连续量两尺，取较大值
				9~15	2	
				>15	3	
路床宽度（mm）	不少于设计值＋B	40	1		用钢尺量
路床横坡	±0.3%且不反坡	20	路宽（m）	<9	2	用水准仪测量
				9~15	4	
				>15	6	
边坡	不陡于设计值	20	2		用坡度尺量，每侧1点

注：B 为施工时必要的附加宽度。

2）路床应平整、坚实，无显著轮迹、翻浆、波浪、起皮等现象，路堤边坡应密实、稳定、平顺等。

检查数量：全数检查。

检查方法：观察。

3. 完成土方路基检验批质量验收记录表的填写

依据土方路基检验批的质量验收标准知识，填写质量验收记录表。

二、路肩检验批质量验收记录表填写

1. 给出路肩检验批质量验收记录表（见附表 2），了解其填写内容。

2. 路肩检验批的质量验收标准

一般项目（抽样检验的合格率应达到 80%，且超差点的最大偏差值应在允许偏差值的 1.5 倍范围内），对应质量验收记录表的知识要求为：

1）路肩应畅顺、表面平整、不积水、不阻水。

检查数量：全数检查。

检测方法：观察。

2）路肩压实度应大于或等于 90%。

检查数量：每 100m，每侧各抽取检查 1 点。

检验方法：环刀法、灌水法或灌砂法。

3）路肩允许偏差应符合表 2-4 的规定。

路肩偏差

表 2-4

检验项目	允许误差	检验频率		检验方法
		范围（m）	点数	
宽度（mm）	不小于设计规定	40	2	用钢尺量，每侧 1 点
横坡	±0.1%且不反坡	40	2	用水准仪测量，每侧 1 点

注：硬质路肩应结合所用材料，按照本书项目 2 任务 2.3 的有关内容，补充相应的检查项目。

3. 完成路肩检验批质量验收记录表的填写

依据路肩检验批的质量验收标准知识，填写质量验收记录表。

三、深层搅拌桩软基处理施工记录与验收记录表填写

1. 给出深层搅拌桩施工记录表（见附表 3）、深层搅拌桩处理软土地基检验批质量验收记录表（见附表 4）、沉降观测记录表（见附表 5），了解其填写内容。

2. 深层搅拌桩施工记录表填写说明、验收标准、沉降观测记录填表说明

（1）深层搅拌桩施工记录表填写说明

里程（区号）：本机本天施工的桩所在的里程区域。

设计桩长、设计桩径、设计桩距：按设计图纸要求填写。

机号：施工桩机的编号。

设计水灰比：按实验室提供的水灰比报告填写。

设计水泥掺入量：按实验室提供的水灰比报告填写。

机具型号：按桩机的铭牌填写。

设计（试桩成果）参数：当表用作工艺试验记录时（不小于 5 条，以获取钻进速度、

提升速度、搅拌、喷气压力与单位时间喷入量等参数），按设计图纸的参考数填写。当表用于施工记录时，按工艺试验后各验收方商定的数据填写。

桩号：与设计图或自编桩位平面图桩号一致。

地面标高：桩位置的实测标高。

钻孔长度：指终钻时地面到钻头的长度。

桩底标高：地面标高－钻孔长度。

喷浆长度：桩体有水泥浆压入段的长度。

桩顶标高：桩底标高＋喷浆长度。

钻孔用时：钻机从地面钻至设计桩底标高所用的时间。

喷浆搅拌用时：开始喷浆到喷浆结束所用的时间。

重复喷浆搅拌用时：根据需要从开始重复喷浆到喷浆结束所用的时间。

累计用时：钻孔用时＋喷浆搅拌用时＋重复喷浆搅拌用时。

累计喷浆量：指桩机在本桩喷浆流量计显示的累计喷浆量。

累计水泥用量：指本桩实际使用水泥的总量。

实际水灰比：（累计喷浆量－累计水泥用量）/累计水泥用量。

实际水泥掺量：累计水泥用量/喷浆长度。

桩位偏差：实际桩心位置与设计桩心位置的距离。

备注：填写施工过程中出现的问题、处理情况及需要补充说明的其他内容（如此表用于工艺试桩记录时，需增加设计、勘察、监理、业主签名）。

（2）深层搅拌桩质量验收标准

深层搅拌桩处理软土地基检验批质量验收记录表主控、一般项目（经抽样检验合格），对应质量验收记录表的知识要求为：

1）主控项目

① 水泥的品种、级别及石灰、粉煤灰的性能指标应符合设计要求。

检查数量：按不同材料进场批次，每批检查 1 次。

检验方法：检查检验报告。

② 桩长不小于设计规定。

检查数量：全数检查。

检验方法：检查施工记录。

③ 复合地基承载力不应小于设计规定值。

检查数量：按总桩数的 1％进行抽检，且不少于 3 处。

检验方法：检查复合地基承载力检验报告。

2）一般项目（抽样检验的合格率应达到 80％，且超差点的最大偏差值应在允许偏差值的 1.5 倍范围内），一般项目中合格率按下式计算：

$$合格率（\%）＝\frac{合格点数}{应测点数}×100\%$$

3）深层搅拌桩成桩质量允许偏差应符合表 2-5 的规定。

深层搅拌桩允许偏差　　　　　　　　　　表 2-5

检验项目	允许误差	检验频率		检验方法
		范围	点数	
强度（kPa）	不小于设计值	全部	抽查 5%	切取试样或无损检测
桩距（mm）	±100	全部	抽查 2%，且不少于 2 根	两桩间，用钢尺量，检查施工记录
桩径（mm）	不小于设计值			
竖直度	≤1.5%H			

注：H 为桩长或孔深。

（3）沉降观测记录表的填表说明

沉降观测记录表中观测数据为用水准仪或全站仪所测高程数据，其中：

本期沉降＝本期观测值－上期观测值

累计沉降为所有沉降值的和。

3. 完成深层搅拌桩施工记录表、检验批质量验收记录表与沉降观测记录表的填写

依据前述填写要点和质量验收标准，填写相应表格。

【学习支持】　道路路基工程资料编制依据

1.《城镇道路工程施工与质量验收规范》CJJ 1—2008

2.《公路软土地基路堤设计与施工技术细则》JTG/T D31-02—2013

3.《建筑地基基础工程施工质量验收规范》GB 50202—2002

【提醒】　教与学注意点

1. 明确道路路基工程中土方工程、路肩工程、软基处理的施工与验收标准。

2. 质量验收记录表中主控项目与一般项目的区别，表中各数据的采集方法和计算方法。

【实践活动】　工作任务布置

依据《龙腾路道路工程图纸》，完成道路工程中路基工程资料的编制。

【任务评价】

1. 自评（20%）：主控项目与一般项目的理解　很好□　较好□　一般□　还需努力□

　　　　　　　深层搅拌桩施工项目的理解　很好□　较好□　一般□　还需努力□

　　　　　　　数据记录和计算的准确性　很好□　较好□　一般□　还需努力□

　　　　　　　合格率计算的理解　很好□　较好□　一般□　还需努力□

　　　　　　　资料表格填写的准确性　很好□　较好□　一般□　还需努力□

2. 小组互评（40%）：

资料表格填写的准确性　　优□　良□　中□　差□

3. 教师评价（40%）：

资料表格填写的准确性　　优□　良□　中□　差□

任务 2.3 道路基层工程资料编制

【情境描述】 教学活动场景与任务目标说明

根据道路施工流程，完成路基施工后即进入道路基层施工，教师讲解规范的资料填写要求，使学生能够正确填写道路基层相关资料。

【任务实施】 道路基层工程资料编制

基层包括石灰稳定土类基层、石灰粉煤灰稳定砂砾基层、石灰粉煤灰钢渣稳定土类基层、水泥稳定土类基层、级配砂砾及级配砾石基层、级配碎石及级配碎砾石基层等。本任务以水泥稳定石屑基层为例进行介绍。

水泥稳定石屑基层检验批质量验收记录表填写

1. 给出水泥稳定石屑基层检验批质量验收记录表（见附表6），了解其填写内容。

2. 水泥稳定石屑基层检验批的质量验收标准

（1）主控项目（经抽样检验合格），对应质量验收记录表的知识要求为：

1）原材料质量检验应符合下列要求：

水泥应符合 CJJ 1—2008 第 7.5.1 第 1 款的规定。

粒料应符合 CJJ 1—2008 第 7.5.1 第 3 款的规定。

水应符合 CJJ 1—2008 第 7.2.1 第 3 款的规定。

检查数量：按不同材料进场批次，每批检查 1 次。

检验方法：检查检验报告、复检。

2）基层、底基层的压实度应符合下列要求：

城市快速路、主干道基层大于等于 97%，底基层大于等于 95%。其他等级道路基层大于等于 95%，底基层大于等于 93%。

检查数量：每 1000m² 、每压实层抽检 1 点。

检验方法：灌砂法或灌水法。

3）基层、底基层 7d 无侧限抗压强度应符合设计要求。

检查数量：每 2000m² 抽检 1 组（6 块）。

检验方法：现场取样试验。

（2）一般项目（抽样检验的合格率应达到 80%，且超差点的最大偏差值应在允许偏差值的 1.5 倍范围内），一般项目中合格率按下式计算：

$$合格率(\%) = \frac{合格点数}{应测点数} \times 100\%$$

1）基层及底基层的允许偏差应符合表 2-6 的规定。

基层及底基层允许偏差   表 2-6

检验项目	允许误差	检验频率		检验方法
		范围	点数	
中线偏位（mm）	≤20	100m	1	用经纬仪测量

续表

检验项目		允许误差	检验频率			检验方法
			范围	点数		
路床纵断高程(mm)	基层	±15	20m	1		用水准仪测量
	底基层	±20				
平整度(mm)	基层	≤10	20m	路宽(m)	<9	1	用3m直尺和塞尺连续量两尺,取较大值
	底基层	≤15			9~15	2	
					>15	3	
宽度(mm)		不少于设计值+B	40m	1		用钢尺量
横坡		±0.3%且不反坡	20m	路宽(m)	<9	2	用水准仪测量
					9~15	4	
					>15	6	
厚度		±20,−10%层厚	1000m²	1		用坡度尺量,每侧1点

注：B为施工时必要的附加宽度。

2）表面应平整、坚实、接缝平顺，无明显粗、细骨料集中现象，无推移、裂缝、贴皮、松散、浮料。

检查数量：全数检查。

检查方法：观察。

3.完成水泥稳定石屑基层检验批质量验收表的填写。

依据水泥稳定石屑基层检验批的质量验收标准，填写质量验收表。

【学习支持】　道路路基工程资料编制依据

《城镇道路工程施工与质量验收规范》CJJ 1—2008

【提醒】　教与学注意点

1.明确道路基层检验批质量验收标准及要求。

2.质量验收记录表中主控项目与一般项目的区别，表中各数据的采集方法和计算方法。

【实践活动】　工作任务布置

依据《龙腾路道路工程图纸》，完成道路工程基层资料的编制。

【任务评价】

1.自评（20%）：主控项目与一般项目的理解　很好□　较好□　一般□　还需努力□

合格率计算的理解　很好□　较好□　一般□　还需努力□

资料表格填写的准确性　很好□　较好□　一般□　还需努力□

2.小组互评（40%）：

资料表格填写的准确性　　优□　良□　中□　差□

3. 教师评价（40%）:

资料表格填写的准确性　　优□　良□　中□　差□

任务 2.4　道路面层资料编制

【情境描述】　教学活动场景与任务目标说明

城市道路路面结构由基层和面层构成，完成基层施工后即进入面层施工。教师讲解规范的资料填写要求，使学生能够正确填写路基工程资料。

【任务实施】　沥青混合料面层工程资料编制

一、热拌沥青混合料检验批质量验收记录表填写

1. 给出热拌沥青混合料检验批质量验收记录表（见附表 7），了解其填写内容。

2. 热拌沥青混合料检验批的质量验收标准

主控项目（经抽样检验合格），对应质量验收记录表的知识要求为:

1）道路用沥青品种、标号应符合国家现行有关标准和 CJJ 1—2008 的有关规定，优选 A 级沥青作为道路面层使用，具体见表 2-7，当使用改性沥青时，改性沥青的基质沥青应与改性剂有良好的配伍性。聚合物改性沥青主要技术要求应符合表 2-8 的要求。

检查数量：按同一生产厂家、同一品种、同一标号、同一批号连续进场的沥青（石油沥青每 100t 为 1 批，改性沥青每 50t 为 1 批）每批次抽取一次。

检验方法：检查出厂合格证、检验报告并进场复检。

道路石油沥青的主要技术要求　　　　　　　　　　　　　　表 2-7

填挖类型	路床顶面以下深度（cm）	道路类别	压实度（%）（重型击实）	检验频率		检验方法
				范围	点数	
挖方	0～30	城市快速路、主干路	≥95			
		次干路	≥93			
		支路及其他小路	≥90			
填方	0～80	城市快速路、主干路	≥95	1000m²	每层3点	环刀法、灌水法或灌砂法
		次干路	≥93			
		支路及其他小路	≥90			
	80～150	城市快速路、主干路	≥93			
		次干路	≥90			
		支路及其他小路	≥90			
	>150	城市快速路、主干路	≥90			
		次干路	≥90			
		支路及其他小路	≥87			

聚合物改性沥青的主要技术要求　　　　　表 2-8

指标	单位	SBS类（Ⅰ类）				SBR类（Ⅱ类）			EVA，PE类（Ⅲ类）				试验方法
		Ⅰ—A	Ⅰ—B	Ⅰ—C	Ⅰ—D	Ⅱ—A	Ⅱ—B	Ⅱ—C	Ⅲ—A	Ⅲ—B	Ⅲ—C	Ⅲ—D	
针入度 25℃，100g，5s	0.1mm	>100	80~100	60~80	30~60	>100	80~100	60~80	>80	60~80	40~60	30~40	T0604
针入度指数 PI，不小于	—	−1.2	−0.8	−0.4	0	−1.0	−0.8	−0.6	−1.0	−0.8	−0.6	−0.4	T0604
延度 5℃，5cm/min 不小于	cm	50	40	30	20	60	50	40	—				T0605
软化点 $T_{R\&b}$ 不小于	℃	45	50	55	60	45	48	55	48	52	56	60	T0606
运动粘度 135℃，不大于	Pa·s	3											T0625 T0619
闪点，不小于	℃	230				230			230				T0611
溶解度，不小于	%	99				99			—				T0607
弹性恢复 25℃，不小于	%	55	60	65	75								T0662
粘韧性，不小于	N·m	5											T0624
韧性，不小于	N·m	—				2.5							T0624
贮存稳定性离析，48h，软化点差，不大于	℃	2.5				—			无改性剂明显析出、凝聚				T0661

TFOT（或 RTFOT）后残留物

质量变化，不大于	%	±1.0											T0610 或 T0609
针入度比 25℃，不小于	%	50	55	60	65	50	55	60	50	55	58	60	T0604
延度 5℃，不小于	cm	30	25	20	15	30	20	10	—				T0605

注：1. 表中 135℃ 运动粘度可采用国家现行标准《公路工程沥青及沥青混合料试验规程》JTJ052 中的"沥青氏旋转粘度试验方法（布洛克菲尔德粘度计法）"进行测定。若在不改变改性沥青物理力学性质并符合安全条件的温度下易于泵送和搅拌，或经证明适当提高泵送和搅拌温度时能保证改性沥青的质量，容易施工，可不要求测定；

2. 贮存稳定性指标适用于工厂生产的成品改性沥青。现场制作的改性沥青对贮存稳定性指标可不作要求，但必须在制作后，保持不间断的搅拌或泵送循环，保证使用前没有明显的离析。

2）沥青混合料所选用的粗集料、细集料、矿粉、纤维稳定剂等质量及规格应符合 CJJ 1—2008 的有关规定，具体见表 2-9~表 2-15。

检查数量：按不同品种产品进场批次和产品抽样检验方案确定。

检验方法：观察，检查进场检验报告。

沥青混合料用粗集料质量技术要求　　　　　表 2-9

指标	单位	城市快速路、主干路		其他等级道路	试验方法
		表面层	其他层次		
石料压碎值，不大于	%	26	28	30	T0316
洛杉矶磨耗损失，不大于	%	28	30	35	T0317

指标	单位	城市快速路、主干路		其他等级道路	试验方法
		表面层	其他层次		
表观相对密度，不小于	—	2.60	2.5	2.45	T0304
吸水率，不大于	%	2.0	3.0	3.0	T0304
坚固性，不大于	%	12	12	—	T0314
针片状颗粒含量（混合料），不大于	%	15	18	20	T0312
其中粒径大于 9.5mm，不大于	%	12	15	—	
其中粒径小于 9.5mm，不大于	%	18	20	—	
水洗法<0.075mm 颗粒含量，不大于	%	1	1	1	T0310
软石含量，不大于	%	3	5	5	T0320

注：1. 坚固性试验可根据需要进行；

2. 用于城市快速路、主干路时，多孔玄武岩的视密度可放宽至 2.45t/m³，吸水率可放宽至 3%，但必须得到建设单位的批准，且不得用于 SMA 路面；

3. 对 S14 即 3~5 规格的粗集料，针片状颗粒含量可不予要求，小于 0.075mm 含量可放宽到 3%。

沥青混合料用粗集料规格 表 2-10

规格名称	公称粒径(mm)	通过下列筛孔（mm）的质量百分率（%）												
		106	75	63	53	37.5	31.5	26.5	19.0	13.2	9.5	4.75	2.36	0.6
S1	40~75	100	90~100	—		0~15	—	0~5						
S2	40~60		100	90~100		0~15	—	0~5						
S3	30~60		100	90~100			0~15	—	0~5					
S4	25~50			100	90~100		0~15	—	0~5					
S5	20~40				100	90~100		—	0~15	—	0~5			
S6	15~30					100	90~100		0~15	—	0~5			
S7	10~30					100	90~100				0~15	0~5		
S8	10~25						100	90~100			0~15	0~5		
S9	10~20							100	90~100	—	0~15	0~5		
S10	10~15								100	90~100	0~15	0~5		
S11	5~15								100	90~100	40~70	0~15	0~5	
S12	5~10									100	90~100	0~15	0~5	
S13	3~10									100	90~100	40~70	0~20	0~5
S14	3~5										100	90~100	0~15	0~3

细集料质量要求　　　　　　　　　　　　　　　　　　　表 2-11

项目	单位	城市快速路、主干路	其他等级道路	试验方法
表现相对密度，不小于	—	2.50	2.45	T0328
坚固性（>0.3mm 部分），不小于	%	12	—	T0340
含泥量（小于 0.075mm 的含量），不大于	%	3	5	T0333
砂当量，不小于	%	60	50	T0334
亚甲蓝值，不大于	g/kg	25		T0346
棱角性（流动时间），不小于	s	30		T0345

注：坚固性试验可根据需要进行。

沥青混合料用天然砂规格　　　　　　　　　　　　　　　表 2-12

筛孔尺寸（mm）	通过各孔筛的质量百分率（%）		
	粗砂	中砂	细砂
9.5	100	100	100
4.75	90～100	90～100	90～100
2.36	65～95	75～90	85～100
1.18	35～65	50～90	75～100
0.6	15～30	30～60	60～84
0.3	5～20	8～30	15～45
0.15	0～10	0～10	0～10
0.075	0～5	0～5	0～5

沥青混合料用机制砂或石屑规格　　　　　　　　　　　　表 2-13

规格	公称粒径（mm）	水洗法通过各筛孔的质量百分数（%）							
		9.5	4.75	2.36	1.18	0.6	0.3	0.15	0.075
S15	0～5	100	90～100	60～90	40～75	20～55	7～40	2～20	0～10
S16	0～3	—	100	80～100	50～80	25～60	8～45	0～25	0～15

注：当生产石屑采用喷水抑制扬尘工艺时，应特别注意含粉量不得超过表中要求。

沥青混合料用矿粉质量要求　　　　　　　　　　　　　　表 2-14

项目		单位	城市快速路、主干路	其他等级道路	试验方法
表观密度，不小于		t/m³	2.50	2.45	T0352
含水量，不小于		%	1	1	T0103 烘干法
粒度范围	<0.6mm	%	100	100	T0351
	<0.15mm	%	90～100	90～100	
	<0.075mm	%	75～100	70～100	
外观		—	无团粒结块		—
亲水系数			<1		T0353
塑性指数		%	<4		T0354
加热安定性		—	实测记录		T0355

木质素纤维技术要求　　　　　　　　　　　　　　　　表 2-15

项目	单位	指标	试验方法
纤维长度，不大于	mm	6	水溶液用显微镜观测
灰分含量	%	18±5	高温 590～600℃燃烧后测定残留物
pH 值	—	7.5±1.0	水溶液用 pH 试纸或 pH 计测定
吸油率，不小于	—	纤维质量的 5 倍	用煤油浸泡后放在筛上经振敲后称量
含水率（以质量计），不大于	%	5	105℃烘箱烘 2h 后的冷却称量

3）热拌沥青混合料、热拌改性沥青混合料、SMA 混合料检查出厂合格证、检验报告并进场复验，拌合温度、出厂温度应符合 CJJ 1—2008 的有关规定，具体见表 2-16 所示。

检查数量：全数检查。

检验方法：查测温记录，现场检测温度。

热拌普通沥青混合料施工温度（℃）　　　　　　　　　　　表 2-16

施工工序		石油沥青的标号			
		50 号	70 号	90 号	110 号
沥青加热温度		160～170	155～165	150～160	145～155
矿料加热温度	间隙式拌合机	集料加热温度比沥青温度高 10～30			
	连续式拌合机	矿料加热温度比沥青温度高 5～10			
沥青混合料出料温差		150～170	145～165	140～160	135～155
混合料贮料仓贮存温度		贮料过程中温度降低不超过 10			
混合料废弃温度　高于		200	195	190	185
运输到现场温度　不低于		150	145	140	135
混合料摊铺温度 不低于	正常施工	140	135	130	125
	低温施工	160	150	140	135
开始碾压的混合料内部温度 不低于	正常施工	135	130	125	120
	低温施工	150	145	135	130
碾压终了的表面温度 不低于	钢轮压路机	80	70	65	60
	轮胎压路机	85	80	75	70
	振动压路机	75	70	60	55
开放交通的路表温度　不高于		50	50	50	45

4）沥青混合料品质应符合马歇尔试验配合比技术要求。

检查数量：每日、每品种检查 1 次。

检验方法：现场取样试验。

3. 完成沥青混合料检验批质量验收表的填写

依据热拌沥青混合料检验批的质量验收标准，填写质量验收记录表。

二、沥青混合料摊铺记录表、热拌沥青混合料面层检验批质量验收记录表的填写

1. 给出沥青混合料摊铺记录表（见附表 8）、热拌沥青混合料面层检验批质量验收记录表（见附表 9），了解其填写内容。

2. 沥青混合料摊铺记录表填写提示与热拌沥青混合料面层检验批质量验收标准

（1）沥青混合料摊铺记录填写提示与摊铺要点

1）填表提示

起讫里程桩号：施工记录段的起止里程桩号。

摊铺时间：摊铺机从开始摊铺工作到摊铺结束的时间。

结构层名称：填写摊铺作业的沥青混合料层的名称（按设计文件规定）。

混合料品种规格：按照设计文件或设计配合比提供的品种规格填写。

摊铺机型号及编号：根据摊铺机的铭牌或施工企业的设备编号填写；操作员是指摊铺机驾驶员。

混合料出厂温度和摊铺温度：每台班或每摊铺段应测量并如实记录 4 次；出厂温度是指在沥青混合料搅拌机出料口处混合料的温度；摊铺温度是指沥青混凝土摊铺机处实测的沥青混合料温度。

碾压开始和碾压终了温度：分别填写摊铺完成后开始进行碾压时和碾压工作结束时沥青混合料的温度，每摊铺段至少要填写一次，选取在三个不同时间段随机实测值的算术平均值。

以上各温度可用红外线测温仪或普通温度计量测。

天气情况和气温：按实测结果填写。

摊铺数量：分别填写按设计图纸计算的数量和现场实测结果。

碾压机具型号及重量：按照机具的铭牌或使用说明（手册）提供的数据填写。

摊铺质量：主要填写摊铺速度、摊铺行走情况和沥青混合料摊铺的均匀性。

碾压遍数及碾压后质量：据实填写碾压遍数、轮迹、密实、回弹、拥堆等情况。

备注：填写需要补充的说明其他情况。

取样人、见证签名栏：由负责现场取样的试验人员或该项目的取样送样见证人签名。

2）摊铺要点

热拌沥青混合料的摊铺应符合下列规定：

热拌沥青混合料应采用机械摊铺。摊铺温度应符合《城镇道路工程施工与质量验收规范》CJJ 1—2008 表 8.2.5-2 的规定。城市快速路、主干路宜采用两台以上摊铺机联合摊铺。每台机器的摊铺宽度宜小于 6m。表面层宜采用多机全幅摊铺，减少施工接缝。

摊铺机应具有自动或半自动方式调节摊铺厚度及找平的装置、可加热的振动熨平板或初步振动压实装置、摊铺宽度可调整等功能，且受料斗斗容应能保证更换运料车时连续摊铺。

采用自动调平摊铺机摊铺最下层沥青混合料时，应使用钢丝或路缘石、平石控制高程与摊铺厚度，以上各层可用导梁引导高程控制，或采用声呐平衡梁控制方式。经摊铺机初步压实的摊铺层应符合平整度、横坡的要求。

沥青混合料的最低摊铺温度应根据气温、下卧层表面温度、摊铺层厚度与沥青混合料种类经试验确定。城市快速路、主干路不宜在气温低于 10℃ 条件下施工。

沥青混合料的松铺系数应根据混合料类型、施工机械和施工工艺等，通过试验段确定，试验段长不宜小于 100m。松铺系数可按照表 2-17 进行初选。

沥青混合料的松铺系数 表 2-17

种类	机械摊铺	人工摊铺
沥青混凝土混合料	1.15～1.35	1.25～1.50
沥青碎石混合料	1.15～1.30	1.20～1.45

摊铺沥青混合料应均匀、连续不间断，不得随意变换摊铺速度或中途停顿。摊铺速度宜为 2～6m/min。摊铺时螺旋送料器应不停顿地转动，两侧应保持有不少于送料器高度 2/3 的混合料，并保证在摊铺机全宽度断面上不发生离析。熨平板按所需厚度固定后不得随意调整。

摊铺层发生缺陷应找补，并停机检查，排除故障。

路面狭窄部分、平曲线半径过小的匝道小规模工程可采用人工摊铺。

3）热拌沥青混合料的压实应符合下列规定：

应选择合理的压路机组合方式及碾压步骤，以达到最佳碾压结果。沥青混合料压实宜采用钢筒式静态压路机与轮胎压路机或振动压路机组合的方式压实。

压实应按初压、复压、终压（包括成形）三个阶段进行。压路机应以慢而均匀的速度碾压，压路机的碾压速度宜符合表 2-18 的规定。

压路机碾压速度（km/h） 表 2-18

压路机类型	初压		复压		终压	
	适宜	最大	适宜	最大	适宜	最大
钢筒式压路机	1.5～2	3	2.5～3.5	5	2.5～3.5	5
轮胎压路机	—	—	3.5～4.5	6	4～6	8
振动压路机	1.5～2（静压）	5（静压）	1.5～2（振动）	1.5～2（振动）	2～3（静压）	5（静压）

（2）热拌沥青混合料面层检验批质量验收标准

1）主控项目

① 沥青混合料面层压实度，对城市快速路、主干路不应小于 96%，对次干路及以下道路不应小于 95%。

检查数量：每 1000m² 抽检 1 点。

检验方法：检查试验记录（马歇尔击实试件密度、试验室标准密度）。

② 面层厚度应符合设计规定，允许偏差为 +10～-5mm。

检查数量：每 1000m² 抽检 1 点。

检验方法：钻孔或刨挖，用钢尺量。

③ 弯沉值，不应小于设计规定。

检查数量：设计规定时每车道、每 20m，测 1 点。

检验方法：弯沉仪检测。

2）一般项目

表面应平整、坚实、接缝紧密、无枯焦；不应有明显轮迹、推挤、裂缝、脱落、烂边、油斑、掉渣等现象，不得污染其他构筑物。面层与路缘石、平石及其他构筑物应接顺，不得有积水现象。

检查数量：全数检查。

检验方法：观察。

热拌沥青混合料面层允许偏差应符合表 2-19 的规定。

热拌沥青混合料面层允许偏差　　　　　　　　表 2-19

项目		允许偏差		检验频率		检验方法
				范围	点数	
纵断高程（mm）		±15		20m	1	用水准仪测量
中线偏位（mm）		≤20		100m	1	用经纬仪测量
平整度（mm）	标准差σ值	快速路、主干路	1.5	100m	路宽（m） <9 　1	用测平仪检测
					9~15 　2	
		次干路、支路	2.4		>15 　3	
	最大间隙	次干路、支路	5	20m	路宽（m） <9 　1	用3m直尺和塞尺连续量取两尺，取最大值
					9~15 　2	
					>15 　3	
宽度（mm）		不小于设计值		40m	1	用钢尺量
横坡		±0.3%且不反坡		20m	路宽（m） <9 　2	用水准仪测量
					9~15 　4	
					>15 　6	
井框与路面高差（mm）		≤5		每座	1	十字法，用直尺、塞尺量取最大值
抗滑	摩擦系数	符合设计要求		200m	1	摆式仪
					全线连续	横向力系数车
	构造深度	符合设计要求		200m	1	砂铺法、激光构造深度仪

注：1. 测平仪为全线每车道连续检测每 100m 计算标准差 σ；无测平仪时可采用 3m 直尺检测；表中检验频率点数为测线数；

2. 平整度、抗滑性能也可采用自动检测设备进行检测；

3. 底基层表面、下面层应按设计规定用量撒泼透层油、粘层油；

4. 中面层、底面层仅进行中线偏位、平整度、宽度、横坡的检测；

5. 改性（再生）沥青混凝土路面可采用此表进行检验；

6. 十字法检查井框与路面高差，每座检查井均应检查。十字法检查中，以平行于道路中线、过检查井盖中心的直线做基线，另一条线与基线垂直，构成检查用十字线。

3. 完成沥青混合料摊铺记录表、热拌沥青混合料面层检验批质量验收记录表的填写

依据填写要点和质量验收标准，填写相应表格。

三、沥青混合料面层透层、粘层、封层检验批质量验收记录表填写

1. 给出沥青混合料面层透层、粘层、封层检验批质量验收记录表（见附表 10～附表 12），了解其填写内容。

2. 沥青混合料面层透层、粘层、封层检验批的质量验收标准

粘层、透层与封层质量检验应符合下列规定：

（1）主控项目

粘层、透层与封层所采用沥青的品种、标号和封层粒料质量、规格应符合 CJJ 1—2008 第 8.1 节的有关规定。

检查数量：按进场品种、批次，同品种、同批次检查不应少于 1 次。

检验方法：检查产品出厂合格证、出厂检验报告和进场复检报告。

（2）一般项目（抽样检验的合格率应达到80%，且超差点的最大偏差值应在允许偏差值的1.5倍范围内），一般项目中合格率按下式计算：

$$合格率(\%) = \frac{合格点数}{应测点数} \times 100\%$$

粘层、透层与封层的宽度不应小于设计规定值。

检查数量：每40m抽检1处。

检验方法：用尺量。

封层油层与粒料洒布应均匀，不应有松散、裂缝、油丁、泛油、波浪、花白、漏洒、堆积、污染其他构筑物等现象。

检查数量：全数检查。

检验方法：观察。

3. 完成沥青混合料面层透层、粘层、封层检验批质量验收记录表的填写

依据填写要点和质量验收标准，填写相应表格。

【学习支持】 道路路基工程资料编制依据

1.《城镇道路工程施工与质量验收规范》CJJ 1—2008

2.《沥青路面施工及验收规范》GB 50092

3.《公路沥青路面施工技术规范》JTG F40

【提醒】 教与学注意点

1. 明确道路路面工程中沥青混凝土路面相关的施工与验收标准及要求。

2. 质量验收记录表中主控项目与一般项目的区别，表中各数据的采集方法和计算方法。

【实践活动】 工作任务布置

依据《龙腾路道路工程图纸》，完成道路工程中道路面层资料的编制。

【任务评价】

1. 自评（20%）：主控项目与一般项目的理解　很好□　较好□　一般□　还需努力□

　　　　　　　　沥青混合料摊铺项目的理解　很好□　较好□　一般□　还需努力□

　　　　　　　　合格率计算标准的理解　很好□　较好□　一般□　还需努力□

　　　　　　　　资料表格填写的准确性　很好□　较好□　一般□　还需努力□

2. 小组互评（40%）：

资料表格填写的准确性　　优□　良□　中□　差□

3. 教师评价（40%）：

资料表格填写的准确性　　优□　良□　中□　差□

任务 2.5　人行道资料编制

【情境描述】　教学活动场景与任务目标说明

人行道属于城市道路的附属结构，人行道对应的资料、文件等是市政基础设施工程技术文件的重要组成部分，人行道应与相邻建（构）筑物接顺，不得反坡。有特殊要求的人行道，应按设计要求及现场条件制定铺装方案及验收标准。教师讲解规范的资料填写要求，使学生能够正确填写人行道工程资料。

【任务实施】　人行道工程资料编制

1. 给出预制块铺砌人行道面层检验批质量验收记录表（见附表 13），了解其填写内容。

2. 预制块铺砌人行道面层检验批的质量验收标准

（1）主控项目（经抽样检验合格），对应质量验收记录表的知识要求为：

1）路床与基层压实度应符合《城镇道路工程施工与质量验收规范》CJJ 1—2008 第 13.4.1 条的规定。

2）混凝土预制砌块（含盲道砌块）强度应符合设计规定。

检查数量：同一品种、规格、每检验批 1 组。

检验方法：检查抗压强度试验报告。

3）砂浆平均抗压强度等级应符合设计规定，任一组试件抗压强度最低值不得低于设计强度的 85%。

检查数量：同一配合比，每 1000m² 1 组（6 块），不足 1000m² 取 1 组。

检验方法：检查试验报告。

4）行进盲道砌块与指示盲道砌块铺砌正确。

检查数量：全数。

检验方法：观察。

（2）一般项目（抽样检验的合格率应达到 80%，且超差点的最大偏差值应在允许偏差值的 1.5 倍范围内），一般项目中合格率按下式计算：

$$合格率(\%) = \frac{合格点数}{应测点数} \times 100\%$$

铺砌应稳固、无翘动，表面平整、缝线直顺、缝宽均匀、灌缝饱满，无翘边、翘角、反坡、积水现象。

预制砌块铺砌允许偏差应符合表 2-20 的规定。

预制砌块铺砌允许偏差　　　　　　　　　　　　　　　表 2-20

项目	允许偏差	检验频率		检验方法
		范围	点数	
平整度（mm）	≤5	20m	1	用 3m 直尺和塞尺连续量两尺，取较大值

续表

项目	允许偏差	检验频率		检验方法
		范围	点数	
横坡（%）	±0.3%且不反坡	20m	1	用水准仪量测
井框与面层高差（mm）	≤4	每座	1	十字法，用直尺和塞尺量最大值
相邻块高差（mm）	≤3	20m	1	用钢尺量
纵缝直顺（mm）	≤10	40m	1	用20m线和钢尺量
横缝直顺（mm）	≤10	20m	1	沿路宽用线和钢尺量
缝宽（mm）	+3 −2	20m	1	用钢尺量

3. 完成预制块铺砌人行道检验批质量验收记录表的填写

根据预制块铺砌人行道检验批的质量验收标准，填写质量验收记录表。

【学习支持】 人行道工程资料编制依据

1. 《城镇道路工程施工与质量验收规范》CJJ 1—2008
2. 《建筑地基基础工程施工质量验收规范》GB 50202—2012

【提醒】 教与学注意点

1. 明确道路人行道的施工与验收标准及要求。
2. 质量验收记录表中主控项目与一般项目的区别，表中各数据的采集方法和计算方法。

【实践活动】 工作任务布置

依据《龙腾路道路工程图纸》，完成道路工程中人行道工程资料的编制。

【任务评价】

1. 自评（20%）：主控项目与一般项目的理解　很好□　较好□　一般□　还需努力□
　　　　　　　　合格率计算的理解　很好□　较好□　一般□　还需努力□
　　　　　　　　资料表格填写的准确性　很好□　较好□　一般□　还需努力□
2. 小组互评（40%）：
资料表格填写的准确性　优□　良□　中□　差□
3. 教师评价（40%）：
资料表格填写的准确性　优□　良□　中□　差□

任务 2.6　附属构筑物工程资料编制

【情境描述】 教学活动场景与任务目标说明

道路附属构筑物施工包括路缘石、排水沟或截水沟等项目。教师讲解规范的资料填写要求，使学生能够正确填写道路附属构筑物工程资料。

【任务实施】 道路附属构筑物工程资料编制

一、路缘石安砌检验批质量验收记录表填写

1. 给出路缘石安砌检验批质量验收记录表（见附表 14），了解其填写内容。

2. 路缘石安砌检验批的质量验收标准

路缘石宜由加工厂生产，应提供产品强度、规格尺寸等技术资料及产品合格证。路缘石宜采用石材或预制混凝土标准块。路口、隔离带端部等曲线段路缘石，宜按设计弧形加工预制，也可采用小标准块。

（1）主控项目（经抽样检验合格），对应质量验收记录表的知识要求为：

混凝土路缘石强度应符合设计要求，设计未规定时，不得小于 C30。路缘石弯拉与抗压强度应符合表 2-21 的要求。

检查数量：每种、每检验批 1 组（3 块）。

检验方法：检查出厂检验报告。

路缘石弯拉与抗压强度　　　　　　　　　　　　表 2-21

直线路缘石			直线路缘石（含圆形、L形）		
弯拉强度（MPa）			抗压强度（MPa）		
强度等级 C_f	平均值	单块最小值	强度等级 C_c	平均值	单块最小值
$C_f3.0$	≥3.00	≥2.40	C_c30	≥30.0	24.0
$C_f4.0$	≥4.00	≥3.20	C_c35	≥35.0	28.0
$C_f5.0$	≥5.00	≥4.00	C_c40	≥40.0	32.0

（2）一般项目（抽样检验的合格率应达到 80%，且超差点的最大偏差值应在允许偏差值的 1.5 倍范围内），一般项目中合格率按下式计算：

$$合格率(\%) = \frac{合格点数}{应测点数} \times 100\%$$

路缘石应砌筑稳固、砂浆饱满、勾缝密实、外露面清洁、线条顺畅、平缘石不阻水。

检查数量：全数检查。

检验方法：观察。

立缘石、平缘石安砌允许偏差应符合表 2-22 的规定。

立缘石、平缘石安砌允许偏差　　　　　　　　　　表 2-22

项目	允许偏差（mm）	检验频率		检验方法
		范围（m）	点数	
直顺度	≤10	100	1	用 20m 线和钢尺量
相邻块高差	≤3	20	1	用钢板尺和塞尺量
缝宽	±3	20	1	用钢尺量
顶面高程	±10	20	1	用水准仪测量

注：1. 前 3 项随机抽样，量 3 点取最大值；
　　2. 曲线段缘石安装的圆顺度允许偏差应结合工程具体制定。

3. 完成路缘石安砌检验批质量验收记录表的填写

依据路缘石安砌检验批的质量验收标准，填写质量验收记录表。

二、雨水管与雨水口检验批质量验收记录表填写

1. 给出雨水管与雨水口检验批质量验收记录表（见附表15），了解其填写内容。

2. 雨水管与雨水口检验批的质量验收标准

（1）主控项目

1）管材应符合现行国家标准《混凝土和钢筋混凝土排水管》GB/T 11836 的有关规定。

检查数量：每种、每检验批。

检验方法：检查合格证和出厂检验报告。

2）基础混凝土强度应符合设计要求。

检查数量：每 100m³ 1 组（3 块），不足 100m³ 取 1 组。

检验方法：查试验报告。

3）砌筑砂浆强度应符合《城镇道路工程施工与质量验收规范》CJJ 1—2008 第 14.5.3 条第 6 款的规定。

4）回填土应符合《城镇道路工程施工与质量验收规范》CJJ 1—2008 第 6.6.3 条压实度的有关规定。

检查数量：全部。

检验方法：查检验报告（环刀法、灌砂法或灌水法）。

（2）一般项目（抽样检验的合格率应达到 80%，且超差点的最大偏差值应在允许偏差值的 1.5 倍范围内），对应质量验收记录表的知识要求：

1）雨水口内壁勾缝应直顺、坚实，无漏勾、脱落。井框、井箅应完整、配套，安装平稳、牢固。

检查数量：全数检查。

检验方法：观察。

2）雨水支管安装应直顺，无错口、反坡、存水，管内清洁，接口处内壁无砂浆外露及破损现象。管端面应完整。

检查数量：全数检查。

检验方法：观察。

雨水支管与雨水口允许偏差应符合表 2-23 的规定。

雨水支管与雨水口允许偏差 表 2-23

项目	允许偏差（mm）	检验频率		检验方法
		范围	点数	
井框与井壁吻合	≤10	每座	1	用钢尺量
井框与周边路面吻合	0 −10		1	用直尺靠量
雨水口与路边线间距	≤20		1	用钢尺量
井内尺寸	+20 0		1	用钢尺量，最大值

3. 完成雨水管与雨水口检验批质量验收记录表的填写

依据雨水管与雨水口检验批的质量验收标准，填写质量验收记录表。

三、排水沟或截水沟检验批质量验收记录表填写

1. 给出排水沟或截水沟检验批质量验收记录表（见附表 16），了解其填写内容。

2. 排水沟或截水沟检验批验收标准

排水沟或截水沟检验批验收记录表主控项目（经抽样检验合格），对应质量验收记录表的知识要求如下：

（1）主控项目

1）预制砌块强度应符合设计要求。

检查数量：每种、每检验批 1 组。

检验方法：查试验报告。

2）预制盖板的钢筋品种、规格、数量，混凝土的强度应符合设计要求。

检查数量：同类构件，抽查 1/10，且不少于 3 件。

检验方法：用钢尺量，检查出厂检验报告。

3）砂浆强度等级应符合设计规定，任一组试件抗压强度最低值不应低于设计强度的 85%。

（2）一般项目（抽样检验的合格率应达到 80%，且超差点的最大偏差值应在允许偏差值的 1.5 倍范围内），一般项目中合格率按下式计算：

$$合格率(\%) = \frac{合格点数}{应测点数} \times 100\%$$

1）砌筑砂浆饱满度不得小于 80%。

检查数量：每 100m 或每班抽查不少于 3 点。

检验方法：观察。

2）砌筑水沟沟底应平整、无反坡、凹兜，边墙应平整、直顺、勾缝密实。与排水构筑物衔接顺畅。

检查数量：全数检查。

检验方法：观察。

3）砌筑排水沟或截水沟允许偏差应符合表 2-24 的规定。

砌筑排水沟或截水沟允许偏差　　　　　　　　　　　表 2-24

项目	允许偏差（mm）		检验频率		检验方法
			范围（m）	点数	
轴线偏位	≤30		100	2	用经纬仪和钢尺量
沟断面尺寸	砌石	±20	40	1	用钢尺量
	砌块	±10			
沟底高程	砌石	±20	20	1	用水准仪测量
	砌块	±10			
墙面垂直度	砌石	≤30		2	用垂线、钢尺量
	砌块	≤15			
墙面平整度	砌石	≤30	40	2	用 2m 直尺、塞尺量
	砌块	≤10			
边线直顺度	砌石	≤20		2	用 20m 小线和钢尺量
	砌块	≤10			
盖板压墙长度	±20			2	用钢尺量

4）土沟断面应符合设计要求，沟底、边坡应坚实，无贴皮、反坡和积水现象。

检查数量：全数检查。

检验方法：观察。

3. 完成排水沟或截水沟检验批质量验收记录表的填写

依据填写要点和质量验收标准，填写相应表格。

【学习支持】 道路附属构筑物资料编制依据

1.《城镇道路工程施工与质量验收规范》CJJ 1—2008

2.《混凝土和钢筋混凝土排水管》GB/T 11836

【提醒】 教与学注意点

1. 明确道路附属构筑物中路缘石、雨水支管与雨水口、排（截）水沟检验批验收标准及要求。

2. 质量验收记录表中主控项目与一般项目的区别，表中各数据的采集方法和计算方法。

【实践活动】 工作任务布置

依据《龙腾路道路工程图纸》，完成道路工程中附属构筑物资料的编制。

【任务评价】

1. 自评（20%）：主控项目与一般项目的理解 很好□ 较好□ 一般□ 还需努力□

合格率计算的理解 很好□ 较好□ 一般□ 还需努力□

资料表格填写的准确性 很好□ 较好□ 一般□ 还需努力□

2. 小组互评（40%）：

资料表格填写的准确性 优□ 良□ 中□ 差□

3. 教师评价（40%）：

资料表格填写的准确性 优□ 良□ 中□ 差□

任务 2.7 道路工程竣工资料编制

【情境描述】 教学活动场景与任务目标说明

根据道路工程完成合同约定的相关内容后，施工单位对已完工程进行检查，确认工程质量是否符合有关法律、法规和工程建设强制性标准，符合设计及合同要求，进行相应的资料整理。通过教师讲解规范的资料填写要求，使学生能够正确填写道路工程竣工验收资料。

【任务实施】　道路工程竣工验收资料编制

一、道路工程外观质量检查记录表填写

1. 给出道路工程外观质量检查记录表（见附表 17），了解其填写内容。

2. 道路工程外观质量验收的相关知识

（1）基层

石灰稳定土，石灰、粉煤灰稳定砂砾（碎石），石灰、粉煤灰稳定钢渣基层表面应平整、坚实，无粗细骨料集中现象，无明显轮迹、推移、裂缝，接茬平顺、无内贴皮、散料。

水泥稳定类基层：表面应平整、坚实、接缝平顺，无明显粗、细骨料集中现象，无推移、裂缝，接茬平顺，无贴皮、松散、浮料。

级配砂砾及级配砾石、级配碎石及级配碎砾石基层：表面应平整、坚实，无推移、松散、浮石现象。

沥青混合料（沥青碎石）基层：表面应平整、坚实、接缝紧密，不应有明显轮迹、粗细集料集中、推挤、裂缝、脱落等现象。

沥青贯入式基层：表面应平整、坚实、石料嵌锁稳定、无明显高低差；嵌缝料、沥青撒布应均匀，无花白、积油、漏浇等现象，且不得污染环境。

（2）车行道面层

沥青混合料车行道面层：表面应平整、坚实、接缝紧密、无枯焦；不应有明显轮迹、推挤裂缝、脱落、烂边、油斑、掉渣等现象，且不得污染其他构筑物。面层与路缘石、平石及其他构筑物应接顺，不得有积水现象。

混凝土行车道面层：水泥混凝土面层应平整、坚实，边角应整齐无裂缝，不应有石子外露和浮浆、脱皮、踏痕、积水等现象，蜂窝麻面面积不得大于总面积的 0.5%。伸缩缝应垂直、直顺，缝内不应有杂物。伸缩缝在规定的深度和宽度范围内应全部贯通，有传力杆且与缝面垂直。

铺砌式料石、预制混凝土砌块面层：表面应平整、稳固、无翘动、缝直顺、灌缝饱满、无反坡积水现象。

广场、停车场面层同车行道面层。

（3）人行道

料石铺砌人行道面层，铺砌应稳固、无翘动、表面平整、缝线直顺、缝宽均匀、灌缝饱满，无翘动、翘角、反坡、积水现象。

沥青混合料铺筑人行道面层：表面应平整、密实，无裂缝、烂边、掉渣、推挤现象，推茬应平顺，烫边无枯焦现象，与构筑物衔接平顺，无反坡积水。

（4）人行地道结构

现浇钢筋混凝土人行地道结构：混凝土表面应光滑、平整，无蜂窝、麻面、缺边掉角现象。

预制钢筋混凝土人行地道结构墙板、顶板安装：直顺，杯口与板缝灌筑密实。预制顶板应安装平顺、灌缝饱满。

砌筑墙体、钢筋混凝土顶板人行地道结构：砌筑墙体应平顺匀称，表面平整、灰缝均匀、饱满、变形缝垂直贯通。

(5) 挡土墙

现浇混凝土挡土墙：混凝土表面应光洁、平整、密实，无蜂窝、麻面、露筋现象。泄水孔畅通。帽石安装边缘顺畅、顶面平整、缝隙均匀密实。

装配式钢筋混凝土挡土墙板安装：预制挡土墙板安装应板缝均匀、灌缝密实、泄水孔畅通、帽石安装边缘顺畅、顶面平整、缝隙均匀密实。

砌体挡土墙、加筋挡土墙：墙板面应光洁、平顺、美观无破损。板缝均匀，线形顺畅，沉降缝上下贯通顺直，泄水孔畅通。

(6) 附属构筑物

1) 路缘石

路缘石应砌筑稳固、砂浆饱满、勾缝密实。外露面清洁、线条顺畅、平缘石不阻水。

2) 雨水支管、雨水口

雨水口内壁勾缝应直顺、坚实，无漏勾、脱落，镜框、井箅应完整、配套、安装平稳、牢固。雨水支管安装应顺直，无错口、反坡、存水，管内清洁，接口处内壁无砂浆外露及破损现象，管端面应完整。

3) 排水沟、截水沟

砌筑砂浆饱满度不应小于80%。砌筑水沟沟底应平整，无反坡、凹兜，边墙应平整、直顺、勾缝密实，与排水构筑物衔接顺畅。

外观质量检查：经过现场工程的检查，由检查人员共同评价，确定好、一般、差。

注意：在进行检查时，一定要在现场，将工程的各个部位全部检查。如果外观没有较明显达不到要求的，就可以评为一般；如果某部位质量较好，细部处理到位，就可评为好；若有的部位达不到要求，或有明显缺陷，但不影响安全或使用功能的，则评为差。评为差的项目能进行返修的应进行返修，不能返修的只要不影响结构安全和使用功能的可通过验收。有影响安全或使用功能的项目，不能评价，应返修后再评价。

4) 涵洞：符合 CJJ 1—2008 第 14.5 节的有关规定。

5) 护坡：砌筑线形顺畅、表面平整、咬砌有序、无翘动、砌缝均匀、勾缝密实。护坡顶与坡面之间缝隙封堵密实。

6) 隔离墩：安装牢固、位置正确、线形美观、墩表面光洁。

7) 隔离栅：隔离栅柱安装应牢固。

8) 护栏：安装要牢固、位置正确、线型美观。

9) 声屏障：砌体声屏障应砌筑牢固，咬砌有序，砌缝均匀，勾缝密实，金属声屏障安装应牢固。

10) 防眩板：安装牢固、位置准确、遮光角符合设计要求。板面无裂纹、涂层无气泡、缺损。

3. 完成道路工程外观质量检查记录表的填写

根据道路工程外观质量检查标准，填写道路工程外观质量检查记录表。

二、道路工程实体质量检查记录表填写

1. 给出道路工程实体质量检查记录表（见附表 18），了解其填写内容。

2. 道路工程实体质量检查记录表填写提示（适用于道路工程各分项、分部完成情况的实体质量检查）

（1）热拌沥青混合料面层厚度符合设计规定，允许偏差＋10，－5mm；

（2）冷拌沥青混合料面层厚度符合设计规定，允许偏差＋15，－5mm；

（3）沥青贯入式混合料面层厚度符合设计规定，允许偏差＋10，－5mm；

（4）混凝上路面面层厚度符合设计规定，允许偏差±5mm。

检查频率：现场钻芯，每工程不小于 3 个样。其他项目，工程长度的 1/10 且不小于 200m。

3. 完成道路工程实体质量检查记录表的填写

依据道路工程实体质量验收标准，填写道路工程实体质量记录表。

三、单位（子单位）工程质量控制资料核查记录表填写

1. 给出单位（子单位）工程质量控制资料核查记录表（见附表 19），了解其填写内容。

2. 道路工程实体质量验收记录注意事项

具体的各专业单位（子单位）工程质量控制资料详见各专业工程施工与验收规范。

（1）质量控制资料核查应注意以下事项：

检查和归纳各检验批的验收记录资料，核查其是否完整。

检验批验收时，应具备的资料应准确完整才能验收。在分部工程验收时，主要核对各检验批的施工操作依据、质量检查记录，核查其是否配套完整。

注意核查各种资料的内容、数据及验收人员的签字是否规范等。

（2）单位工程质量控制资料完整的判断，可以按以下三个层次进行：

在单位（子单位）工程质量控制资料核查记录表中，备齐所有的项目资料；

在单位（子单位）工程质量控制资料核查记录表中，备齐每个项目中所有的资料；

在各项资料中，备齐每一项资料所有的数据。

由于工程的具体情况不同，资料是否完整，要视工程特点和已有资料情况而定。总之，主要看其是否可以反映工程的结构安全和使用功能，是否达到设计要求。

3. 完成单位（子单位）工程质量控制资料核查记录表的填写

依据单位（子单位）工程质量控制资料核查要求，填写相应表格。

四、道路工程安全和功能检验资料核查及主要功能抽查记录表填写

1. 给出道路工程安全和功能检验资料核查及主要功能抽查记录表（见附表 20），了解其填写内容。

2. 道路工程安全和功能检验资料核查及主要功能抽查记录表的相关知识

在单位工程、子单位工程验收时，监理工程师应对各分部、子分部工程应检测的项目进行核对，对检测资料的数量、数据及使用的检测方法、检测程序进行核查，以及核查有关人员的签认情况等。核查后，将核查的情况填入道路工程安全和功能检验资料核查及主要功能的抽查记录表。

在建设单位组织工程验收时，抽测什么项目，可由验收组来确定。但其项目应是道路工程安全和功能检验资料核查及主要功能的抽查记录表中所包含的项目。施工单位检测时，监理、建设单位都参加，不再重复检测，防止造成不必要的浪费及对工程的损害。

道路工程安全和功能的检测和抽样检测结果的检查，应注意以下几点：

（1）检查规范中规定的检测项目是否都进行了验收，不能进行检测的项目应说明原因。

（2）检查各项检测记录（报告）的内容、数据是否符合要求，包括检测项目的内容，所采用的检测方法标准、检测结果的数据是否达到规定的标准。

（3）核查资料的检测程序、有关取样人、检测人、审核人、试验负责人，以及公章签字是否齐全。

3. 完成道路工程安全和功能检验资料核查及主要功能抽查记录表的填写

依据填写要点和质量验收标准，填写相应表格。

五、单位（子单位）工程质量竣工验收记录表填写

1. 给出单位（子单位）工程质量竣工验收记录表（见附表21），了解其填写内容。

2. 单位（子单位）工程质量竣工验收相关知识

施工单位应在自检合格基础上将竣工资料与自检结果，报监理工程师申请验收。

监理工程师应约请相关人员审核竣工资料进行预检，并根据结果编写评估报告，报建设单位组织验收。

建设单位项目负责人应根据监理工程师的评估报告组织建设单位项目技术质量负责人、有关专业设计人员、总监理工程师和专业监理工程师、施工单位项目负责人参加工程验收。

单位工程验收总体上是一个统计性的审核和综合性的评价，是通过核查分部工程验收质量控制资料、有关安全、功能检测资料，进行必要的主要功能项目的复测及抽测，以及总体工程外观质量的现场实物质量验收。

填写该表格时，应注意以下几点：

（1）核查每个分部工程验收是否正确。

（2）核查各分部工程质量验收记录表的质量评价是否完善。

（3）核查分部工程质量验收记录表的验收人员是否是规定的有相应资质的人员，并进行了评价和签认。

（4）工程竣工验收时可抽查各单位工程的质量情况。

（5）当参加验收各方对工程质量验收意见不一致时，应由政府行业行政主管部门或工程质量监督机构协调解决。

（6）工程竣工验收合格后，建设单位应按规定将工程竣工验收报告和文件，报政府行政主管部门备案。

（7）竣工验收资料包括分部（子分部）工程质量验收记录、单位（子单位）工程质量控制资料核查记录、工程安全和功能检验资料核查及主要功能抽查记录、工程外观质量检查记录等。

3. 完成单位（子单位）工程质量竣工验收记录表的填写

依据单位（子单位）工程质量竣工验收要求，填写相应表格。

六、建设工程竣工验收报告填写

1. 给出建设工程竣工验收报告（见附表 22），了解其填写内容。

2. 建设工程竣工验收报告相关知识

工程竣工验收报告是指建设单位组织的工程竣工验收所形成的，以证明工程项目符合竣工验收条件，可以投入使用的文件。

建设单位应按照《房屋建筑工程和市政基础设施工程竣工验收备案管理办法》（建设部令 2 号）和《房屋建筑工程和市政基础设施工程竣工验收暂行规定》（建建【2000】142 号）的要求组织竣工验收，填写工程竣工验收报告（参照表格的填写说明）。

建设单位应向备案机关提交工程竣工验收报告。

3. 完成建设工程竣工验收报告的填写

依据建设工程竣工验收相关知识，填写相应表格。

【学习支持】　道路工程竣工验收资料编制依据

《城镇道路工程施工与质量验收规范》CJJ 1—2008

【提醒】　教与学注意点

1. 明确道路工程竣工验收标准要求。

2. 建设工程竣工验收报告中各数据的填写方法。

【实践活动】　工作任务布置

依据《龙腾路道路工程图纸》，完成道路工程竣工验收资料的编制。

【任务评价】

1. 自评（20%）：竣工验收相关知识的理解　很好□　较好□　一般□　还需努力□

　　　　　　　　　图纸理解的准确性　很好□　较好□　一般□　还需努力□

　　　　　　　　资料表格填写的准确性　很好□　较好□　一般□　还需努力□

2. 小组互评（40%）：

资料表格填写的准确性　优□　良□　中□　差□

3. 教师评价（40%）：

资料表格填写的准确性　优□　良□　中□　差□

项目 3
排水工程施工资料管理

【项目概述】

为了使排水工程施工资料管理具有规范性、合理性、逻辑性，并能为工程验收、结算等提供可靠依据，应对排水工程施工资料相关内容进行全面汇总，使之成为档案馆要求的施工文件。本项目主要介绍排水工程分项、分部、单位工程划分，排水管道土方工程资料，预制管开槽施工主体结构资料，管道附属构筑物资料，管道闭水试验资料，排水工程质量验收资料的编制方法及内容。

任务 3.1 排水管道工程分项、分部、单位工程划分

【情境描述】 教学活动场景与任务目标说明

排水管道工程分项、分部、单位工程划分必须依据《给水排水管道工程施工及验收规范》GB 50268—2008 进行。正确划分分项、分部、单位工程是做好施工资料管理的前提。本任务是根据《给水排水管道工程施工及验收规范》对排水工程的工程内容进行分项、分部、单位工程的划分。

【任务实施】 排水管道工程分项、 分部、 单位工程划分

《给水排水管道工程施工及验收规范》对排水工程项目的工程内容进行了分项、分部、单位工程的划分，见表 3-1。

排水管道工程分项、分部、单位工程划分表　　　　　　　　　表 3-1

单位工程（子单位工程）	开（挖）槽施工的管道工程、大型顶管工程、盾构管道工程、浅埋暗挖管道工程、大型沉管工程、大型桥管工程	
分部工程（子分部工程）	分项工程	验收批
土方工程	沟槽土方（沟槽开挖、沟槽支撑、沟槽回填）、基坑土方（基坑开挖、基坑支护、基坑回填）	与下列验收批对应

续表

分部工程（子分部工程）		分项工程	验收批
管道主体工程	预制管开槽施工主体结构 金属类管、混凝土类管、预应力钢筒混凝土管、化学建材管	管道基础、管道接口连接、管道铺设、管道防腐层（管道内防腐层、钢管外防腐层）、钢管阴极保护	可选择下列方式划分：①按流水施工长度；②排水管道按井段；③给水管道按一定长度连续施工段或自然划分段（路段）；④其他便于过程质量控制方法
	管渠（廊） 现浇钢筋混凝土管渠、装配式混凝土管渠、砌筑管渠	管道基础、现浇钢筋混凝土管渠（钢筋、模板、混凝土、变形缝）、装配式混凝土管渠（预制构件安装、变形缝）、砌筑管渠（砖石砌筑、变形缝）、管道内防腐层、管廊内管道安装	每节管渠（廊）或每个流水施工段管渠（廊）
	不开槽施工主体结构　工作井	工作井围护结构、工作井	每座井
	不开槽施工主体结构　顶管	管道接口连接、顶管管道（钢筋混凝土管、钢管）、管道防腐层（管道内防腐层、钢管外防腐层）、钢管阴极保护、垂直顶升	顶管顶进：每 100m；垂直顶升：每个顶升管
	不开槽施工主体结构　盾构	管片制作、掘进及管片拼装、二次内衬（钢筋、混凝土）、管道防腐层、垂直顶升	盾构掘进：每 100 环；二次内衬：每施工作业断面；垂直顶升：每个顶升管
	不开槽施工主体结构　浅埋暗挖	土层开挖、初期衬砌、防水层、二次内衬、管道防腐层、垂直顶升	暗挖：每施工作业断面；垂直顶升：每个顶升管
	不开槽施工主体结构　定向钻	管道接口连接、定向钻管道、钢管防腐层（内防腐层、外防腐层）、钢管阴极保护	每 100m
	不开槽施工主体结构　夯管	管道接口连接、夯管管道、钢管防腐层（内防腐层、外防腐层）、钢管阴极保护	每 100m
	沉管　组对拼装沉管	基槽浚挖及管基处理、管道接口连接、管道防腐层、管道沉放、稳管及回填	每 100m（分段拼装按每段，且不大于 100m）
	沉管　预制钢筋混凝土沉管	基槽浚挖及管基处理、预制钢筋混凝土管节制作（钢筋、模板、混凝土）、管节接口预制加工、管道沉放、稳管及回填	每节预制钢筋混凝土管
	桥管	管道接口连接、管道防腐层（内防腐层、外防腐层）、桥管管道	每跨或每 100m；分段拼装按每跨或每段，且不大于 100m
	附属构筑物工程	井室（现浇混凝土结构、砖砌结构、预制拼装结构）、雨水口及支连管、支墩	同一结构类型的附属构筑物不大于 10 个

注：1. 大型顶管工程、大型沉管工程、大型桥管工程及盾构、浅埋暗挖管道工程，可设独立的单位工程；
　　2. 大型顶管工程：指管道一次顶进长度大于 300m 的管道工程；
　　3. 大型沉管工程：指预制钢筋混凝土管沉管工程；对于成品管组对拼装的沉管工程，应为多年平均水位水面宽度不小于 200m，或多年平均水位水面宽度 100～200m，且相应水深不小于 5m；
　　4. 大型桥管工程：总跨长度不小于 300m 或主跨长度不小于 100m；
　　5. 土方工程中涉及地基处理、坑支护等，可按现行国家标准《建筑地基基础工程施工质量验收规范》GB 50202 等相关规定执行；
　　6. 桥管的地基与基础、下部结构工程，可按桥梁工程规范的有关规定执行；
　　7. 工作井的地基与基础、围护结构工程，可按现行国家标准《建筑地基基础工程施工质量验收规范》GB 50202、《混凝土结构工程施工质量验收规范》CB 50204、《地下防水工程质量验收规范》GB 50208、《给水排水构筑物工程施工及验收规范》GB 50141 等相关规定执行。

【学习支持】 排水管道工程分项、分部、单位工程划分依据

排水管道工程分项、分部、单位工程划分必须依据《给水排水管道工程施工及验收规范》GB 50268—2008 进行。

【提醒】 教与学注意点

注意排水管道工程分项、分部、单位工程划分表中的验收批划分要求。

【实践活动】 工作任务布置

根据所学知识，对《吉祥路排水工程》进行分项、分部、单位工程划分。

【任务评价】

1. 自评（20%）：图纸内容的理解　　　　　　很好□　较好□　一般□　还需努力□

排水管道工程分项、分部、单位工程划分表的理解　　　　　　　很好□　较好□

一般□　还需努力□

2. 小组互评（40%）：

对《吉祥路排水工程》分项、分部、单位工程划分情况　　优□　良□　中□　差□

3. 教师评价（40%）：

对《吉祥路排水工程》分项、分部、单位工程划分情况　　优□　良□　中□　差□

任务 3.2　排水管道土方工程资料编制

【情境描述】 教学活动场景与任务目标说明

排水管道土石方工程施工流程为：沟槽开挖、地基处理、沟槽支撑、沟槽回填。通过教师讲解规范的资料填写要求，使学生能够正确填写土方工程资料。

【任务实施】 排水管道土方工程资料编制

一、沟槽开挖与地基处理检验批质量验收记录表填写

1. 给出沟槽开挖与地基处理检验批质量验收记录表（见附表 23），了解其填写内容。

2. 沟槽开挖与地基处理的质量验收标准

（1）主控项目（经抽样检验合格），对应质量验收记录表的知识要求为：

1）原状地基土不得扰动、受水浸泡或受冻；

检查方法：观察，检查施工记录。

2）地基承载力应满足设计要求；

检查方法：观察，检查地基承载力试验报告。

3）进行地基处理时，压实度、厚度满足设计要求；

检查方法：按设计或规定要求进行检查，检查检测记录、试验报告。

（2）一般项目（抽样检验的合格率应达到 80%，且超差点的最大偏差值应在允许偏差值的 1.5 倍范围内），一般项目中合格率按下式计算：

$$合格率(\%) = \frac{合格点数}{应测点数} \times 100\%$$

1）沟槽开挖：沟槽开挖的允许偏差应符合表 3-2 的规定。

沟槽开挖的允许偏差　　　　　　　　　　　　表 3-2

序号	检查项目	允许偏差（mm）		检查数量		检查方法
				范围	点数	
1	槽底高程	土方	±20	两井之间	3	用水准仪测量
		石方	+20、-200			
2	槽底中线每侧宽度	不小于规定		两井之间	6	挂中线用钢尺量测，每侧计 3 点
3	沟槽边坡	不陡于规定		两井之间	6	用坡度尺量测，每侧计 3 点

2）槽底中线每侧宽度：不小于规定指的是沟槽底部的开挖宽度应符合设计要求；设计无要求时按下式计算确定：

$$B = D_0 + 2(b_1 + b_2 + b_3)$$

式中　B——管道沟槽底部的开挖宽度（mm）；

　　　D_0——管外径（mm）；

　　　b_1——管道一侧的工作面宽度（mm），可按表 3-3 选取；

　　　b_2——有支撑要求时，管道一侧的支撑厚度，可取 150～200mm；

　　　b_3——现场浇筑混凝土或钢筋混凝土管渠一侧模板的厚度（mm）。

管道一侧的工作面宽度　　　　　　　　　　　表 3-3

管道的外径 D_0	管道一侧的工作面宽度 b_1（mm）		
	混凝土类管道		金属类管道、化学建材管道
$D_0 \leqslant 500$	刚性接口	400	300
	柔性接口	300	
$500 < D_0 \leqslant 1000$	刚性接口	500	400
	柔性接口	400	
$1000 < D_0 \leqslant 1500$	刚性接口	600	500
	柔性接口	500	
$1500 < D_0 \leqslant 3000$	刚性接口	800～1000	700
	柔性接口	600	

注：1. 槽底需设排水沟时，b_1 应适当增加；
　　2. 管道有现场施工的外防水层时，b_1 宜取 800mm；
　　3. 采用机械回填管道侧面时，b_1 需满足机械作业的宽度要求。

3）沟槽边坡：不陡于规定指的是沟槽边坡最陡坡度应符合表 3-4 的规定（适用地质条件良好、土质均匀、地下水位低于沟槽底面高程，且开挖深度在 5m 以内、沟槽不设支撑时）。

深度在 5m 以内的沟槽边坡的最陡坡度　　　　　　　表 3-4

土的类别	边坡坡度（高∶宽）		
	坡顶无荷载	坡顶有静载	坡顶有动载
中密的砂土	1∶1.00	1∶1.25	1∶1.50
中密的碎石类土（充填物为砂土）	1∶0.75	1∶1.00	1∶1.25

续表

土的类别	边坡坡度（高：宽）		
	坡顶无荷载	坡顶有静载	坡顶有动载
硬塑的粉土	1：0.67	1：0.75	1：1.00
中密的碎石类土（充填物为黏性土）	1：0.50	1：0.67	1：0.75
硬塑的粉质黏土、黏土	1：0.33	1：0.50	1：0.67
老黄土	1：0.10	1：0.25	1：0.33
软土（经井点降水后）	1：1.25	—	—

3. 完成沟槽开挖与地基处理的质量验收记录表的填写

依据沟槽开挖与地基处理的质量验收标准，填写质量验收记录表。

二、沟槽支护检验批质量验收记录表填写

1. 给出沟槽支护检验批质量验收记录表（见附表24），了解其填写内容。

2. 沟槽支护的质量验收标准

（1）主控项目（经抽样检验合格），对应质量验收记录表的知识要求为：

1）支撑方式、支撑材料符合设计要求。

检查方法：观察，检查施工方案。

2）支护结构强度、刚度、稳定性符合设计要求。

检查方法：观察，检查施工方案、施工记录。

（2）一般项目（抽样检验的合格率应达到80％，且超差点的最大偏差值应在允许偏差值的1.5倍范围内），对应质量验收记录表的知识要求为：

1）横撑不得妨碍下管和稳管。

检查方法：观察。

2）支撑构件安装应牢固、安全可靠，位置正确。

检查方法：观察。

3）支撑后，沟槽中心线每侧的净宽不应小于施工方案设计要求。

检查方法：观察，用钢尺量测。

4）钢板桩的轴线位移不得大于50mm；垂直度不得大于1.5％。

检查方法：观察，用小线、垂球量测。

3. 完成沟槽支护质量验收记录表的填写

依据沟槽支护的质量验收标准，填写质量验收记录表。

三、沟槽回填检验批质量验收记录表填写

1. 给出回填施工记录表（见附表25）与沟槽回填检验批质量验收记录表（见附表26），了解其填写内容。

2. 沟槽回填的质量验收标准

（1）回填施工记录表填写说明

回填施工记录表中"压实前含水量"指回填土的含水量，宜按土类和采用的压实工具控制在最佳含水率±2％范围内。

回填施工记录表中"松铺厚度"指每层回填土的虚铺厚度，应根据所采用的压实机具按表 3-5 的规定选取。

每层回填土的虚铺厚度 表 3-5

压实机具	木夯、铁夯	轻型压实设备	压路机	振动压路机
虚铺厚度（mm）	≤200	200～250	200～300	≤400

（2）质量验收记录表主控项目（经抽样检验合格），对应质量验收记录表的知识要求为：

1）回填材料符合设计要求。

检查方法：观察；按国家有关规范的规定和设计要求进行检查，检查检测报告。

检查数量：条件相同的回填材料，每铺筑 1000m²，应取样一次，每次取样至少应做两组测试；回填材料条件变化或来源变化时，应分别取样检测。

2）沟槽不得带水回填，回填应密实。

检查方法：观察，检查施工记录。

3）柔性管道的变形率不得超过设计要求或《给水排水管道工程施工及验收规范》GB 50268—2008 第 4.5.12 条的规定，管壁不得出现纵向隆起、环向扁平和其他变形情况。

检查方法：观察，方便时用钢尺直接量测，不方便时用圆度测试板或芯轴仪在管内拖拉量测管道变形率；检查记录，检查技术处理资料。

检查数量：试验段（或初始 50m）不少于 3 处，每 100m 正常作业段（取起点、中间点、终点近处各一点），每处平行测量 3 个断面，取其平均值。

4）回填土压实度应符合设计要求，设计无要求时，应符合表 3-6 的规定。

刚性管道沟槽回填土压实度 表 3-6

序号	项目			最低压实度（%）		检查数量		检查方法
				重型击实标准	轻型击实标准	范围	点数	
1	石灰土类垫层			93	95	100m		用环刀法检查或采用现行国家标准《土工试验方法标准》GB/T 50123 中其他方法
2	沟槽在路基范围外	胸腔部分	管侧	87	90	两井之间或 1000m²	每层每侧一组（每组 3 点）	
			管顶以上 500mm	87±2（轻型）				
			其余部分	≥90（轻型）或按设计要求				
		农田或绿地范围表层 500mm 范围内		不宜压实，预留沉降量，表面整平				
3	沟槽在路基范围内	胸腔部分	管侧	87	90			
			管顶以上 250mm	87±2（轻型）				
		由路槽底算起的深度范围（mm）	≤800 快速路及主干路	95	98			
			次干路	93	95			
			支路	90	92			
			800～1500 快速路及主干路	93	95			
			次干路	90	92			
			支路	87	90			
			≥1500 快速路及主干路	87	90			
			次干路	87	90			
			支路	87	90			

注：表中重型击实标准的压实度和轻型击实标准的压实度，分别以相应的标准击实试验法求得的最大干密度为 100%。

（3）质量验收记录表一般项目（抽样检验的合格率应达到 80%，且超差点的最大偏差值应在允许偏差值的 1.5 倍范围内）。

1）回填应达到设计高程，表面应平整。

检查方法：观察，有疑问处用水准仪测量。

2）回填时管道及附属构筑物无损伤、沉降、位移。

检查方法：观察，有疑问处用水准仪测量。

3. 完成沟槽回填质量验收表的填写

依据沟槽回填的质量验收标准，填写相关表格。

【学习支持】 排水管道土方工程资料编制依据

《给水排水管道工程施工及验收规范》GB 50268—2008

【提醒】 教与学注意点

1. 明确土方工程沟槽开挖、地基处理、沟槽支护、沟槽回填的验收标准。

2. 质量验收记录表中主控项目与一般项目的区别，表中各数据的采集方法和计算方法。

【实践活动】 工作任务布置

依据《吉祥路排水工程图纸》，完成排水管道工程土方工程资料编制。

【任务评价】

1. 自评（20%）：主控项目与一般项目的理解   很好□ 较好□ 一般□ 还需努力□

合格率计算的理解   很好□ 较好□ 一般□ 还需努力□

资料表格填写的准确性 很好□ 较好□ 一般□ 还需努力□

2. 小组互评（40%）：

资料表格填写的准确性   优□   良□   中□   差□

3. 教师评价（40%）：

资料表格填写的准确性   优□   良□   中□   差□

任务 3.3   预制管开槽施工主体结构资料编制

【情境描述】 教学活动场景与任务目标说明

了解排水管道预制管开槽施工主体结构施工流程：管道基础、管道接口连接、管道铺设。通过学习规范的资料填写要求，能够正确填写预制管开槽施工主体结构资料。

【任务实施】 排水管道预制管开槽施工主体结构资料编制

一、管道基础检验批质量验收记录表填写

1. 给出管道基础检验批质量验收记录表（见附表 27），了解其填写内容。

2. 管道基础的质量验收标准

(1) 主控项目 (经抽样检验合格)，对应质量验收记录表的知识要求为：

1) 原状地基的承载力符合设计要求。

检查方法：观察，检查地基处理强度或承载力检验报告、复合地基承载力检验报告。

2) 混凝土基础的强度符合设计要求。

检验数量：混凝土验收批与试块留置按照现行国家标准《给水排水构筑物工程施工及验收规范》GB 50141—2008 第 6.2.8 条第 2 款执行。

检查方法：混凝土基础的混凝土强度验收应符合现行国家标准《混凝土强度检验评定标准》GB/T 50107 的有关规定。

3) 砂石基础的压实度符合设计要求或《给水排水管道工程施工及验收规范》的规定。

检查方法：检查砂石材料的质量保证资料、压实度试验报告。

(2) 一般项目 (抽样检验的合格率应达到 80%，且超差点的最大偏差值应在允许偏差值的 1.5 倍范围内)，一般项目中合格率按下式计算：

$$合格率(\%) = \frac{合格点数}{应测点数} \times 100\%$$

1) 原状地基、砂石基础与管道外壁间接触均匀，无空隙。

检查方法：观察，检查施工记录。

2) 混凝土基础外光内实，无严重缺陷；混凝土基础的钢筋数量、位置正确。

检查方法：观察，检查钢筋质量保证资料，检查施工记录。

管道基础的允许偏差应符合表 3-7 的规定。

管道基础的允许偏差　　　　　　　　表 3-7

序号	检查项目			允许偏差 (mm)	检查数量 范围	检查数量 点数	检查方法
1	垫层		中线每侧宽度	不小于设计要求	每个验收批	每10m测1点，且不少于3点	挂中心线钢尺检查，每侧一点
		高程	压力管道	±30			水准仪测量
			无压管道	0，−15			
			厚度	不小于设计要求			钢尺量测
2	混凝土基础、管座	平基	中线每侧宽度	+10，0			挂中心线钢尺量测，每侧一点
			高程	0，−15			水准仪测量
			厚度	不小于设计要求			钢尺量测
		管座	肩宽	+10，−5			钢尺量测，挂高程线
			肩高	+20			钢尺量测，每侧一点
3	土 (砂及砂砾) 基础	高程	压力管道	±30			水准仪测量
			无压管道	0，−15			
			平基厚度	不小于设计要求			钢尺量测
			土弧基础腋角高度	不小于设计要求			钢尺量测

3. 完成管道基础检验批质量验收记录表的填写

依据管道基础的质量验收标准，填写质量验收记录表。

二、钢筋混凝土管接口检验批质量验收记录表填写

1. 给出钢筋混凝土管接口检验批质量验收记录表（见附表28），了解其填写内容。

2. 钢筋混凝土管接口的质量验收标准

（1）主控项目（经抽样检验合格），对应质量验收记录表的知识要求为：

1）管节及管件、橡胶圈的产品质量应符合《给水排水管道工程施工及验收规范》第5.6.1、第5.6.2、第5.6.5条和5.7.1条的规定。

检查方法：检查产品质量保证资料；检查成品管进场验收记录。

2）柔性接口的橡胶圈位置正确，无扭曲、外露现象；承口、插口无破损、开裂；双道橡胶圈的单口水压试验合格。

检查方法：观察，用探尺检查；检查单口水压试验记录。

3）刚性接口的强度符合设计要求，不得有开裂、空鼓、脱落现象。

检查方法：观察；检查水泥砂浆、混凝土试块的抗压强度试验报告。

（2）一般项目（抽样检验的合格率应达到80%，且超差点的最大偏差值应在允许偏差值的1.5倍范围内），对应质量验收记录表的知识要求：

1）柔性接口的安装位置正确，其纵向间隙应符合《给水排水管道工程施工及验收规范》第5.6.9、第5.7.2条的相关规定。

检查方法：逐个检查，用钢尺量测；检查施工记录。

2）刚性接口的宽度、厚度符合设计要求；其相邻管接口错口允许偏差：D_i 小于700mm 时，应在施工中自检；D_i 大于700mm，小于或等于 1000mm 时，应不大于 3mm；D_i 大于 1000mm 时，应不大于 5mm。

检查方法：两井之间取 3 点，用钢尺、塞尺量测；检查施工记录。

3）管道沿曲线安装时，接口转角应符合《给水排水管道工程施工及验收规范》第5.6.9、第5.7.5条的相关规定。

检查方法：用直尺量测曲线段接口。

4）管道接口的填缝应符合设计要求，密实、光洁、平整。

检查方法：观察，检查填缝材料质量保证资料、配合比记录。

3. 完成钢筋混凝土管接口质量验收记录表的填写

依据钢筋混凝土管接口的质量验收标准，填写质量验收记录表。

三、化学建材管接口连接检验批质量验收记录表填写

1. 给出化学建材管接口连接检验批质量验收记录表（见附表29），了解其填写内容。

2. 化学建材管接口的质量验收标准

（1）主控项目（经抽样检验合格），对应质量验收记录表的知识要求为：

1）管节及管件、橡胶圈等的产品质量应符合《给水排水管道工程施工及验收规范》第5.8.1、第5.9.1条的规定。

检查方法：检查产品质量保证资料；检查成品管进场验收记录。

2）承插、套筒式连接时，承口、插口部位及套筒连接紧密，无破损、变形、开裂等现象；插入后胶圈应位置正确，无扭曲等现象；双道橡胶圈的单口水压试验合格。

检查方法：逐个接口检查；检查施工方案及施工记录，单口水压试验记录；用钢尺、

探尺量测。

3）聚乙烯管、聚丙烯管接口熔焊连接应符合下列规定：

① 焊缝应完整，无缺损和变形现象；焊缝连接应紧密，无气孔、鼓泡和裂缝；电熔连接的电阻丝不裸露；

② 熔焊焊缝焊接力学性能不低于母材；

③ 热熔对接连接后应形成凸缘，且凸缘形状大小均匀一致，无气孔、鼓泡和裂缝；接头处有沿管节圆周平滑对称的外翻边，外翻边最低处的深度不低于管节外表面；管壁内翻边应铲平；对接错边量不大于管材壁厚的10%，且不大于3mm。

检查方法：观察；检查熔焊连接工艺试验报告和焊接作业指导书，检查熔焊连接施工记录、熔焊外观质量检验记录、焊接力学性能检测报告。

检查数量：外观质量全数检查；熔焊焊缝焊接力学性能试验每200个接头不少于1组；现场进行破坏性检验或翻边切除检验（可任选一种）时，现场破坏性检验每50个接头不少于1个，现场内翻边切除检验每50个接头不少于3个；单位工程中接头数量不足50个时，仅做熔焊焊缝焊接力学性能试验，可不做现场检验。

4）卡箍连接、法兰连接、钢塑过渡接头连接时，应连接件齐全、位置正确、安装牢固，连接部位无扭曲、变形。

检查方法：逐个检查。

（2）质量验收记录表一般项目（抽样检验的合格率应达到80%，且超差点的最大偏差值应在允许偏差值的1.5倍范围内）。

1）承插、套筒式接口的插入深度应符合要求，相邻管口的纵向间隙应不小于10mm；环向间隙应均匀一致。

检查方法：逐口检查，用钢尺量测；检查施工记录。

2）承插式管道沿曲线安装时的接口转角，玻璃钢管的不应大于《给水排水管道工程施工及验收规范》第5.8.3条的规定；聚乙烯管、聚丙烯管的接口转角应不大于1.5°；硬聚氯乙烯管的接口转角应不大于1.0°。

检查方法：用直尺量测曲线段接口；检查施工记录。

3）熔焊连接设备的控制参数满足焊接工艺要求；设备与待连接管的接触面无污物，设备及组合件组装正确、牢固、吻合；焊后冷却期间接口未受外力影响。

检查方法：观察，检查专用熔焊设备质量合格证明书、校检报告，检查熔焊记录。

4）卡箍连接、法兰连接、钢塑过渡连接件的钢制部分以及钢制螺栓、螺母、垫圈的防腐要求应符合设计要求。

检查方法：逐个检查；检查产品质量合格证明书、检验报告。

3. 完成化学建材管接口连接检验批质量验收记录表的填写

依据化学建材管接口连接技术标准，填写质量验收记录表。

四、管道铺设检验批质量验收记录表填写

1. 给出管道铺设检验批质量验收记录表（见附表30），了解其填写内容。

2. 管道铺设的质量验收标准

（1）主控项目（经抽样检验合格），对应质量验收记录表的知识要求为：

1）管道埋设深度、轴线位置应符合设计要求，无压力管道严禁倒坡。

检查方法：检查施工记录、测量记录。

2）刚性管道无结构贯通裂缝和明显缺损情况。

检查方法：观察，检查技术资料。

3）柔性管道的管壁不得出现纵向隆起、环向偏平和其他变形情况。

检查方法：观察，检查施工记录、测量记录。

4）管道铺设安装必须稳固，管道安装后应线形平直。

检查方法：观察，检查测量记录。

（2）质量验收记录表一般项目（抽样检验的合格率应达到80%，且超差点的最大偏差值应在允许偏差值的1.5倍范围内）。

1）管道内应光洁平整，无杂物、油污；管道无明显渗水和水珠现象。

检查方法：观察，渗漏水程度检查按《给水排水管道工程施工及验收规范》附录F第F.0.3条执行。

2）管道与井室洞口之间无渗漏水。

检查方法：逐井观察，检查施工记录。

3）管道内外防腐层完整，无破损现象。

检查方法：观察，检查施工记录。

4）钢管管道开孔应符合《给水排水管道工程施工及验收规范》第5.3.11条的规定。

检查方法：逐个观察，检查施工记录。

5）闸阀安装应牢固、严密，启闭灵活，与管道轴线垂直。

检查方法：观察检查，检查施工记录。

管道铺设的允许偏差应符合表3-8的规定。

管道铺设的允许偏差（mm）   表3-8

检查项目		允许偏差		检查数量		检查方法
				范围	点数	
1	水平轴线	无压管道	15			经纬仪测量或挂中线用钢尺量测
		压力管道	30			
2	管底高程	$D_i \leqslant 1000$	无压管道	±10	每节管	1点	水准仪测量
			压力管道	±30			
		$D_i > 1000$	无压管道	±15			
			压力管道	±30			

3. 完成管道铺设质量验收记录表的填写

依据管道铺设的质量验收标准，填写质量验收记录表。

【学习支持】 排水管道预制管开槽施工主体结构资料编制依据

《给水排水管道工程施工及验收规范》GB 50268—2008。

【提醒】 教与学注意点

1. 明确管道基础、管道接口连接、管道铺设的验收标准要求。

2. 质量验收记录表中主控项目与一般项目的区别，表中各数据的采集方法和计算方法。

【实践活动】 工作任务布置

依据《吉祥路排水工程图纸》，完成排水管道预制管开槽施工主体结构资料编制。

【任务评价】

1. 自评（20%）：主控项目与一般项目的理解　很好□　较好□　一般□　还需努力□

一般项目中应测点数的计算　很好□　较好□　一般□　还需努力□

平均合格率计算　很好□　较好□　一般□　还需努力□

2. 小组互评（40%）：

一般项目中应测点数的计算　优□　良□　中□　差□

3. 教师评价（40%）：

一般项目中应测点数的计算　优□　良□　中□　差□

任务 3.4　管道附属构筑物资料编制

【情境描述】 教学活动场景与任务目标说明

排水管道附属构筑物主要包括井室、雨水口及支、连管。通过教师讲解规范的资料填写要求，使学生能够正确填写管道附属构筑物资料。

【任务实施】 排水管道附属构筑物资料编制

一、井室检验批质量验收记录表填写

1. 给出井室检验批质量验收记录表（见附表 31），了解其填写内容。

2. 井室的质量验收标准

（1）主控项目（经抽样检验合格），对应质量验收记录表的知识要求为：

1）所用的原材料、预制构件的质量应符合国家有关标准的规定和设计要求。

检查方法：检查产品质量合格证明书、各项性能检验报告、进场验收记录。

2）砌筑水泥砂浆强度、结构混凝土强度符合设计要求。

检查方法：检查水泥砂浆强度、混凝土抗压强度试块试验报告。

检查数量：每 50m³ 砌体或混凝土每浇筑 1 个台班 1 组试块。

3）砌筑结构应灰浆饱满、灰缝平直，不得有通缝、瞎缝；预制装配式结构应坐浆、灌浆饱满密实，无裂缝；混凝土结构无严重质量缺陷；井室无渗水、水珠现象。

检查方法：逐个观察。

（2）一般项目（抽样检验的合格率应达到 80%，且超差点的最大偏差值应在允许偏

差值的 1.5 倍范围内），一般项目中合格率按下式计算：

$$合格率(\%) = \frac{合格点数}{应测点数} \times 100\%$$

1）井壁抹面应密实平整，不得有空鼓、裂缝等现象；混凝土无明显一般质量缺陷；井室无明显湿渍现象。

检查方法：逐个观察。

2）井内部构造符合设计和水力工艺要求，且部位位置及尺寸正确，无建筑垃圾等杂物；检查井流槽应平顺、圆滑、光洁。

检查方法：逐个观察。

3）井室内踏步位置正确、牢固。

检查方法：逐个观察，用钢尺量测。

4）井盖、座规格符合设计要求，安装稳固。

检查方法：逐个观察。

井室的允许偏差应符合表 3-9 的规定。

井室的允许偏差　　　　　　　　　　　　　　　　　　　　表 3-9

	检查项目			允许偏差（mm）	检查数量		检查方法
					范围	点数	
1	平面轴线位置（轴向、垂直轴向）			15		2	用钢尺量测、经纬仪测量
2	结构断面尺寸			+10，0		2	用钢尺量测
3	井室尺寸	长、宽		±20		2	用钢尺量测
		直径					
4	井口高程	农田或绿地		+20		1	
		路面		与道路规定一致	每座		
5	井底高程	开槽法管道铺设	$D_i \leqslant 1000$	±10		2	用水准仪测量
			$D_i > 1000$	±15			
		不开槽法管道铺设	$D_i < 1500$	+10，−20			
			$D_i \geqslant 1500$	+20，−40			
6	踏步安装	水平及垂直间距、外露长度		±10		1	用尺量测偏差较大值
7	脚窝	高、宽、深		±10			
8	流槽宽度			+10			

3. 完成井室的质量验收记录表的填写

依据井室的质量验收标准，填写质量验收记录表。

二、雨水口及支、连管检验批质量验收记录表填写

1. 给出雨水口及支、连管检验批质量验收记录表（见附表 32），了解其填写内容。

2. 雨水口及支、连管的质量验收标准

（1）主控项目（经抽样检验合格），对应质量验收记录表的知识要求为：

1）所用的原材料、预制构件的质量应符合国家有关标准的规定和设计要求。

检查方法：检查产品质量合格证明书、各项性能检验报告、进场验收记录。

2）雨水口位置正确，深度符合设计要求，安装不得歪扭。

检查方法：逐个观察，用水准仪、钢尺量测。

3）井框、井箅应完整、无损，安装平稳、牢固；支、连管应直顺，无倒坡、错口及破损现象。

检查数量：全数观察。

4）井内、连接管道内无线漏、滴漏现象。

检查数量：全数观察。

（2）一般项目（抽样检验的合格率应达到 80％，且超差点的最大偏差值应在允许偏差值的 1.5 倍范围内），对应质量验收记录表的知识要求为：

1）雨水口砌筑勾缝应直顺、坚实，不得漏勾、脱落；内、外壁抹面平整光洁。

检查数量：全数观察。

2）支、连管内清洁、流水通畅，无明显渗水现象。

检查数量：全数观察。

雨水口、支管的允许偏差应符合表 3-10 的规定。

雨水口、支管的允许偏差　　　　　　　　　　　　表 3-10

	检查项目	允许偏差（mm）	检查数量		检查方法
			范围	点数	
1	井框、井箅吻合	≤10	每座	1	用钢尺量测较大值（高度、深度也可用水准仪测量）
2	井口与路面高差	−5，0			
3	雨水口位置与道路边线平行	≤10			
4	井内尺寸	长、宽：+20，0			
		深：0，−20			
5	井内支、连管管口底高度	0，−20			

3. 完成雨水口及支、连管质量验收记录表的填写

依据雨水口及支、连管的质量验收标准，填写质量验收记录表。

【学习支持】　排水管道管道附属构筑物资料编制依据

《给水排水管道工程施工及验收规范》GB 50268—2008

【提醒】　教与学注意点

1. 明确井室、雨水口及支、连管的验收标准要求。

2. 质量验收记录表中主控项目与一般项目的区别，表中各数据的采集方法和计算方法。

【实践活动】　工作任务布置

依据《吉祥路排水工程图纸》，完成排水管道附属构筑物资料编制。

【任务评价】

1. 自评（20％）：主控项目与一般项目的理解　很好□　较好□　一般□　还需努力□

掌握一般项目测设方法　很好□　较好□　一般□　还需努力□

不合格点数的确定　很好□　较好□　一般□　还需努力□

2. 小组互评（40％）：

掌握一般项目测设方法　优□　良□　中□　差□

3. 教师评价（40％）：

掌握一般项目测设方法　优□　良□　中□　差□

任务 3.5　管道闭水试验资料编制

【情境描述】　教学活动场景与任务目标说明

排水管道需要进行闭水试验。通过教师讲解规范的资料填写要求，使学生能够正确填写管道闭水试验资料。

【任务实施】　排水管道闭水试验资料编制

管道闭水试验记录表填写

1. 给出管道闭水试验记录表（见附表33），了解其填写内容。

2. 无压管道闭水试验规定

（1）试验段上游设计水头不超过管顶内壁时，试验水头应以试验段上游管顶内壁加2m计。

（2）试验段上游设计水头超过管顶内壁时，试验水头应以试验段上游设计水头加2m计。

（3）计算出的试验水头小于10m，但已超过上游检查井井口时，试验水头应以上游检查井井口高度为准。

（4）管道闭水试验时，应进行外观检查，不得有漏水现象，且符合表 3-11 规定时，管道闭水试验为合格。

钢筋混凝土无压管道闭水试验允许渗水量　　　　　　　　　　表 3-11

管道内径 D_i（mm）	允许渗水量 [m³/(24h·km)]	管道内径 D_i（mm）	允许渗水量 [m³/(24h·km)]
200	17.60	1200	43.30
300	21.62	1300	45，00
400	25.00	1400	46.70
500	27.95	1500	48.40
600	30.60	1600	50.00
700	33.00	1700	51.50
800	35.35	1800	53.00
900	37.50	1900	54.48
1000	39.52	2000	55.90
1100	41.45		

3. 完成管道闭水试验记录表的填写

依据管道闭水试验规定，填写试验记录表。

【学习支持】　排水管道闭水实验资料编制依据

《给水排水管道工程施工及验收规范》GB 50268—2008

【提醒】　教与学注意点

明确管道闭水试验的规定。

【实践活动】　工作任务布置

依据《吉祥路排水工程图纸》，完成排水管道闭水试验资料编制。

【任务评价】

1. 自评（20%）：闭水试验规定的理解　　　　很好□　较好□　一般□　还需努力□

　　　　　　　　 允许渗水量计算方法　　　很好□　较好□　一般□　还需努力□

2. 小组互评（40%）：

允许渗水量计算方法　　优□　　良□　　中□　　差□

3. 教师评价（40%）：

允许渗水量计算方法　　优□　　良□　　中□　　差□

任务 3.6　排水工程质量验收资料编制

【情境描述】　教学活动场景与任务目标说明

排水工程施工完成后需要对分项、分部、单位工程质量进行验收。通过教师讲解规范的资料填写要求，使学生正确填写排水工程质量验收资料。

【任务实施】　排水工程质量验收资料编制

一、分项工程质量验收记录表填写

1. 给出分项工程质量验收记录表（见附表 34），了解其填写内容。

2. 分项工程质量验收记录表填写规定

分项工程质量应由监理工程师（建设项目专业技术负责人）组织施工项目技术负责人等进行验收。

3. 完成分项工程质量验收记录表的填写

依据分项工程质量验收记录表规定，填写分项工程质量验收记录表。

二、分部（子分部）工程质量验收记录表填写

1. 给出分部（子分部）工程质量验收记录表（见附表 35），了解其填写内容。

2. 分部（子分部）工程质量验收记录表填写规定

分部（子分部）工程质量应由总监理工程师和建设项目专业负责人组织施工项目经理和有关单位项目负责人进行验收。

3. 完成分部（子分部）工程质量验收记录表的填写

依据分部（子分部）工程质量验收要求，填写分部（子分部）工程质量验收记录表。

三、单位（子单位）工程质量记录表填写

1. 给出单位（子单位）工程质量竣工验收记录表（见附表21）、单位（子单位）工程质量控制资料核查表（见附表36）、单位（子单位）工程观感质量核查表（见附表37）、单位（子单位）工程结构安全和使用功能性检测记录表（见附表38），了解其填写内容。

2. 单位（子单位）工程质量记录表填写规定

单位（子单位）工程质量竣工验收记录由施工单位填写，验收结论由监理（建设）单位填写，综合验收结论由参加验收各方共同商定，建设单位填写，并应对工程质量是否符合规范规定和设计要求及总体质量水平做出评价。

3. 完成单位（子单位）工程质量记录表的填写

依据单位（子单位）工程质量情况，填写单位（子单位）工程质量竣工验收记录表、单位（子单位）工程质量控制资料核查表、单位（子单位）工程观感质量核查表、单位（子单位）工程结构安全和使用功能性检测记录表。

【学习支持】 排水工程质量验收编制依据

《给水排水管道工程施工及验收规范》GB 50268—2008

【提醒】 教与学注意点

明确排水工程质量验收的规定。

【实践活动】 工作任务布置

依据《吉祥路排水工程图纸》，完成排水工程质量验收资料编制。

【任务评价】

1. 自评（20%）：质量验收规定的理解　　　很好□　较好□　一般□　还需努力□
　　　　　　　　　质量验收资料编制情况　　很好□　较好□　一般□　还需努力□

2. 小组互评（40%）：

质量验收资料编制情况　　优□　良□　中□　差□

3. 教师评价（40%）：

质量验收资料编制情况　　优□　良□　中□　差□

【项目概述】

城市桥梁工程施工资料管理是桥梁工程施工技术管理中的重要组成部分，是施工质量控制中不可缺少的环节。为了使城市桥梁工程施工资料管理具有规范性、合理性、逻辑性，并能为工程验收、结算等提供可靠依据，应对城市桥梁工程施工资料进行全面汇总，使其满足档案馆的要求。

本项目主要介绍了桥梁工程分项、分部、单位工程划分，桥梁基础、墩台、盖梁、支座、桥跨承重结构、桥面系、附属结构、竣工资料的编制。

任务 4.1　城市桥梁工程分项、分部、单位工程划分

【情境描述】　教学活动场景与任务目标说明

城市桥梁工程分项、分部、单位工程必须依据《城市桥梁工程施工与质量验收规范》CJJ 2—2008进行划分。正确划分分项、分部、单位工程是做好施工资料管理的前提。本任务是根据《城市桥梁工程施工与质量验收规范》对城市桥梁工程进行分项、分部、单位工程的划分。

【任务实施】　城市桥梁工程分项、分部、单位工程划分

《城市桥梁工程施工与质量验收规范》对城市桥梁工程项目的工程内容进行分项、分部、单位工程的划分，见表4-1。

城市桥梁分部（子分项）工程与相应的分项工程、检验批对照表　　　　表 4-1

序号	分部工程	子分部工程	分项工程	检验批
1	地基与基础	基础扩大	基坑开挖、地基、土方回填、现浇混凝土（模板与支架、钢筋、混凝土）砌体	每个坑

序号	分部工程	子分部工程	分项工程	检验批
1	地基与基础	沉入桩	预制桩（模板、钢筋、混凝土、预应力混凝土）钢管桩、沉桩	每根桩
		灌注桩	机械成孔、人工成孔、钢筋笼制作与安装、混凝土灌注	每根桩
		沉井	沉井制作（模板与支架、钢筋、混凝土、钢壳）浮运、下沉就位、清基与填充	每节、座
		地下连续墙	成槽、钢筋骨架、水下混凝土	每个施工段
		承台	模板与支架、钢筋、混凝土	每个承台
2	墩台	砌体墩台	石砌体、砌块砌体	每个砌筑段、浇筑段、施工段或每个墩台、每个安装段（件）
		现浇混凝土墩台	模板与支架、钢筋、混凝土、预应力混凝土	
		预制混凝土柱	预制柱（模板、钢筋、混凝土、预应力混凝土）、安装	
		台背填土	填土	
3	盖梁		模板与支架、钢筋、混凝土、预应力混凝土	每个盖梁
4	支座		垫石混凝土、支座安装、挡块混凝土	每个支座
5	索塔		现浇混凝土索塔（模板与支架、钢筋、混凝土、预应力混凝土）钢构件安装	每个浇筑段每根钢构件
6	锚锭		锚固体系制作、锚固体系安装、锚锭混凝土（模板与支架、钢筋、混凝土）锚索张拉与压浆	每个制作件、安装件、基础
7	桥跨承重结构	支架上浇筑混凝土梁（板）	模板与支架、钢筋、混凝土、预应力钢筋	每孔、联、施工段
		装配式钢筋混凝土梁（板）	预制梁（板）（模板、钢筋、混凝土、预应力混凝土）、安装梁（板）	每片梁
		悬臂浇筑预应力混凝土梁	0号段（模板与支架、钢筋、混凝土、预应力混凝土）、现浇段（挂篮、模板、钢筋、混凝土、预应力混凝土）	每个浇筑段
		悬臂拼装预应力混凝土梁	0号段（模板与支架、钢筋、混凝土、预应力混凝土）、梁段预制（模板与支架、钢筋、混凝土）、拼装梁段、施加预应力	每个拼装段
		顶推施工混凝土梁	台座系统、导梁、梁段预制（模板与支架、钢筋、混凝土、预应力混凝土）、顶推梁段、施加预应力	每节段
		钢梁	现场安装	每个制作段、孔、联
		结合梁	钢梁安装、预应力钢筋混凝土梁预制（模板与支架、钢筋、混凝土、预应力混凝土）、预制梁安装、混凝土结构浇筑（模板与支架、钢筋、混凝土、预应力混凝土）	每段、孔
		拱部与拱上结构	砌筑拱圈、现浇混凝土拱圈、劲性骨架混凝土拱圈、装配式混凝土拱部结构、钢管混凝土拱（拱肋安装、混凝土压注）、吊杆、系杆拱、转体施工、拱上结构	每个砌筑段、安装段、浇筑段、施工段
		斜拉桥的主梁与拉索	0号段混凝土浇筑、悬臂浇筑混凝土主梁、支架上浇筑混凝土主梁、悬臂拼装混凝土主梁、悬拼钢箱梁、支架上安装钢箱梁、结合梁、拉索安装	每个砌筑段、安装段、浇筑段、施工段
		悬索桥的加劲梁与缆索	索鞍安装、主缆架设、主缆防护、索夹和吊索安装、加劲梁段拼装	每个制作段、安装段、施工段

续表

序号	分部工程	子分部工程	分项工程	检验批
8		顶进箱涵	工作坑、滑板、箱涵预制（模板与支架、钢筋、混凝土）、箱涵顶进	每坑、每制作节、顶进节
9		桥面系	排水设施、防水层、桥面铺装层（沥青混合料铺装、混凝土铺装——模板、钢筋、混凝土）、伸缩装置、地袱和缘石与挂板、防护设施、人行道	每个施工段、每孔
10		附属结构	隔声与防眩装置、梯道（砌体；混凝土——模板与支架、钢筋、混凝土；钢结构）、桥头搭板（模板、钢筋、混凝土）、防冲刷结构、照明、挡土墙	每砌筑段、浇筑段、安装段、每座构筑物
11		装饰与装修	水泥砂浆抹面、饰面板、饰面砖和涂装	每跨、侧、饰面
12		引道		

【学习支持】 城市桥梁工程分项、 分部、 单位工程划分依据

城市桥梁工程分项、分部、单位工程必须依据《城市桥梁工程施工与质量验收规范》CJJ 2—2008 进行划分。

【提醒】 教与学注意点

结合实体工程划分桥梁工程的分项、分部、单位工程。

【实践活动】 工作任务布置

对《吉祥桥工程》进行分项、分部、单位工程划分。

【任务评价】

1. 自评（20%）：图纸内容的理解　　　　很好□　较好□　一般□　还需努力□
城市桥梁工程分项、分部、单位工程划分表的理解　　　很好□　较好□
　　　　　　　　　　　　　　　　　　　　　　　　　一般□　还需努力□
2. 小组互评（40%）：
对《吉祥桥工程》分项、分部、单位工程划分情况　优□　良□　中□　差□
3. 教师评价（40%）：
对《吉祥桥工程》分项、分部、单位工程划分情况　优□　良□　中□　差□

任务 4.2　基础工程资料编制

【情境描述】 教学活动场景与任务目标说明

桥梁基础工程施工流程为：机械成孔桩、桩钢筋笼制作与安装、混凝土灌注桩。通过教师讲解规范的资料填写要求，使学生能正确填写基础工程资料。

【任务实施】 桥梁基础工程资料编制

一、钻（冲）孔灌注桩隐蔽验收记录填写

1. 给出钻（冲）孔灌注桩隐蔽验收记录表（见附表39），了解其填写内容。

2. 机械成孔桩、桩钢筋笼制作与安装的质量验收标准

（1）机械成孔桩项目

1）桩径：设计值按设计图要求填写；实际验收情况：用探孔器检验，不得少于设计值。

2）孔底标高：设计值按设计图要求填写；实际验收情况：按建设单位组织隐蔽验收时实际测得的标高填写。

3）沉淀物厚度：设计或规范要求按设计图或规范允许值填写，摩擦桩一般不大于300mm，端承桩不大于50mm；实际验收沉淀物厚度＝清孔后孔底标高－终孔标高。

4）孔底下卧层地质：设计或规范要求按地质勘探资料或设计图要求填写；实际验收情况：孔底地质根据桩超前钻所取得的地质芯样及终孔时捞取的岩样来判断。

5）桩埋入岩层深度：指桩进入中风化岩层标高起至终孔孔底标高累计的中风化、微风化岩层长度。

6）桩长：设计或规范要求按设计图或规范规定的允许值填写；实际验收情况：实际桩长＝设计桩顶标高－清孔后孔底标高。

7）桩垂直度：按测量孔径时探孔器置于孔底微用力拉紧钢丝绳，然后测定钢丝绳的垂直度。

（2）桩钢筋笼制作与安装项目

1）钢筋笼长度、直径、分段，主筋规格、根数，箍筋规格、间距，加强筋规格、数量：按设计图纸要求填写设计要求值；将验收时实测结果填入实际验收情况对应的栏目内。

2）钢筋笼分段连接方法、钢筋连接情况、保护层控制：按设计图纸或施工验收规范的要求填写设计要求；将实际采用的钢筋笼和主筋的连接方法和连接情况，以及保护层控制方法、措施情况填入实际验收情况对应的栏目内。

3）钢筋笼顶标高：按照设计图纸提供的数据填写设计要求值；按钢筋笼固定就位后，验收时实测笼顶标高值填写实际验收情况。

4）成孔断面示意图：要注明岩质变化各个界面标高及其对应的岩性质，及原地面标高、设计桩顶标高、终孔标高。

3. 完成钻（冲）孔灌注桩隐蔽验收记录表的填写

依据机械成孔桩、钢筋笼制作与安装的质量验收标准，填写钻（冲）孔灌注桩隐蔽验收记录表。

二、混凝土灌注桩检验批质量验收记录表填写

1. 给出混凝土灌注桩检验批质量验收记录表（见附表40），了解其填写内容。

2. 混凝土灌注桩的质量验收标准

（1）主控项目（经抽样检验合格），对应质量验收记录表的知识要求为：

1）成孔达到设计深度后，必须核实地质情况，确认符合设计要求。

检查数量：全数检查。

检验方法：观察、检查施工记录。

2）孔径、孔深应符合设计要求。

检查数量：全数检查。

检验方法：观察、检查施工记录。

3）混凝土抗压强度应符合设计要求。

检查数量：每根桩在浇筑地点制作混凝土试件不得少于 2 组。

检验方法：检查试验报告。

4）桩身不得出现断桩、缩径。

检查数量：全数检查。

检验方法：观察桩基无损检测报告。

（2）一般项目（抽样检验的合格率应达到 80%，且超差点的最大偏差值应在允许偏差值的 1.5 倍范围内），一般项目中合格率按下式计算：

$$合格率（\%）= \frac{合格点数}{应测点数} \times 100\%$$

对应质量验收记录表的知识要求为：

1）钢筋笼制作和安装质量检验应符合《城市桥梁工程施工与质量验收规范》第 10.7.1 条规定，且钢筋笼底端高程偏差不得大于 ±50mm。

检查数量：全数检查。

检验方法：用水准仪测量。

2）混凝土灌注桩允许偏差应符合表 4-2 的规定。

混凝土灌注桩允许偏差　　　　　　　　　　　　　表 4-2

项目		允许偏差（mm）	检验频率		检验方法
			范围	点数	
桩位	群桩	100		1	用全站仪检查
	排架桩	50		1	
沉渣厚度	摩擦桩	符合设计要求	每根桩	1	沉淀盒或标准测锤，查灌注前记录
	支承桩	不大于设计要求		1	
垂直度	钻孔桩	≤1%桩长，且≤500		1	用测壁仪或钻杆垂线和钢尺量
	挖孔桩	≤0.5%桩长，且≤200		1	用垂线和钢尺量

注：此表适用于钻孔和挖孔。

3. 完成混凝土灌注桩检验批质量验收记录表的填写

依据混凝土灌注桩的质量验收标准，填写混凝土灌注桩检验批质量验收记录表。

【学习支持】　桥梁基础工程资料编制依据

《城市桥梁工程施工与质量验收规范》CJJ 2—2008

【提醒】 教与学注意点

1. 明确基础工程机械成孔桩、桩钢筋笼制作与安装、混凝土灌注桩的验收标准及要求。

2. 质量验收记录表中主控项目与一般项目的区别，表中各数据的采集方法和计算方法。

【实践活动】 工作任务布置

依据《吉祥桥工程图纸》，完成桥梁工程基础工程的资料编制。

【任务评价】

1. 自评（20%）：主控项目与一般项目的理解　很好□　较好□　一般□　还需努力□

　　　　　　　　　合格率计算的理解　　　　很好□　较好□　一般□　还需努力□

　　　　　　　　　资料表格填写的准确性　　很好□　较好□　一般□　还需努力□

2. 小组互评（40%）：

资料表格填写的准确性　优□　良□　中□　差□

3. 教师评价（40%）：

资料表格填写的准确性　优□　良□　中□　差□

任务 4.3　墩台工程资料编制

【情境描述】 教学活动场景与任务目标说明

桥梁墩台工程施工流程为：柱模板与支架、柱钢筋、柱混凝土。通过教师讲解规范的资料填写要求，使学生能够正确填写墩台工程资料。

【任务实施】 桥梁墩台工程资料编制

一、柱模板、支架和拱架安装检验批质量验收记录表填写

1. 给出柱模板、支架和拱架安装检验批质量验收记录表（见附表41），了解其填写内容。

2. 柱模板与支架的质量验收标准

（1）主控项目（经抽样检验合格），对应质量验收记录表的知识要求为：

模板、支架和拱架制作及安装应符合施工设计图（施工方案）的规定，且稳固牢靠，接缝严密，立柱基础有足够的支撑面和排水、防冻融措施。

检查数量：全数检查。

检查方法：观察和用钢尺量。

（2）一般项目（抽样检验的合格率应达到 80%，且超差点的最大偏差值应在允许偏差值的 1.5 倍范围内），一般项目中合格率按下式计算：

$$合格率(\%) = \frac{合格点数}{应测点数} \times 100\%$$

模板、支架和拱架安装允许偏差应符合表 4-3 的规定。

模板、支架和拱架安装允许偏差 表 4-3

项目			允许偏差（mm）	检验频率		检验方法
				范围	点数	
相邻两板表面高低差	清水模板		2	每个构筑物或每个构件	4	用钢板尺和塞尺量
	混水模板		4			
	钢模板		2			
表面平整度	清水模板		3		4	用2米直尺和塞尺量
	混水模板		5			
	钢模板		3			
垂直度	墙、柱		$H/1000$，且不大于 6		2	用经纬仪或垂线和钢尺量
	墩、台		$H/500$，且不大于 20			
	塔柱		$H/3000$，且不大于 30			
模内尺寸	基础		±10		3	用钢尺量，长、宽、高各1点
	墩、台		+5；-8			
	梁、板、墙、柱、桩、拱		+3；-6			
轴线偏位	基础		15		2	用经纬仪测量，长纵横向各1点
	墩、台、墙		10			
	梁、柱、拱、塔柱		8			
	悬浇各梁段		8			
	横隔梁		5			
支承面高程			+2；-5	每支承面	1	用水准仪测量
悬浇各梁段底面高程			+10，0	每个梁段	1	用水准仪测量
预埋件	支座板、锚垫板、连接板等	位置	5	每个预埋件	1	用钢尺量
		平面高程	2			用水准仪量
	螺栓、锚筋等	位置	3			用钢尺量
		外露长度	±5			
预留孔洞	预应力筋孔道位置（梁端）		5	每个预留孔洞	1	用钢尺量
	其他	位置	8		1	用钢尺量
		孔径	+10；0		1	
梁底模拱度			+5；-2	每根梁、每个构件、每个安装段	1	沿底模全长拉线，用钢尺量
对角线差	板		7		1	用钢尺量
	墙板		5			
	桩		3			
侧向弯曲	板、拱肋、桁架		$L/1500$		1	沿侧模全长拉线，用钢尺量
	柱、桩		$L/1000$，且不大于 10			
	梁		$L/2000$，且不大于 10			
支架、拱架	纵轴线的平面偏位		$L/2000$，且不大于 30		3	用经纬仪测量
拱架高程			+20；-10			用水准仪测量

注：H 为构筑物高度（mm），L 为计算长度（mm）；支承面高程指模板底模上表面支撑混凝土面的高程。

3. 完成柱模板、支架和拱架安装检验批质量验收记录表的填写

依据柱模板与支架的质量验收标准，填写模板、支架和拱架安装检验批质量验收记录表。

二、柱钢筋成型和安装检验批质量验收记录表填写

1. 给出柱钢筋成型和安装检验批质量验收记录表（见附表42），了解其填写内容。

2. 柱钢筋成型和安装的质量验收标准

（1）主控项目（经抽样检验合格），对应质量验收记录表的知识要求为：

钢筋、焊条的品种、牌号、规格和技术性能必须符合国家现行标准规定和设计要求。

检查数量：全数检查。

检验方法：检查产品合格证、出厂检验报告。

（2）一般项目（抽样检验的合格率应达到80%，且超差点的最大偏差值应在允许偏差值的1.5倍范围内），对应质量验收记录表的知识要求为：

1）预埋件的规格、数量、位置等必须符合设计要求。

检查数量：全数检查。

检验方法：观察、用钢尺量。

2）钢筋表面不得有裂纹、结疤、折叠、锈蚀和油污，钢筋焊接接头表面没有夹渣焊瘤。

检查数量：全数检查。

检验方法：观察。

3）钢筋成型和安装允许偏差应符合表4-4的规定。

钢筋成型和安装允许偏差 　　　　　　　　　　　　　　表4-4

检查项目			允许偏差（mm）	检验频率		检验方法
				范围	点数	
受力钢筋间距	同排	两排以上排距	±5	每个构筑物或每个构件	3	用钢尺量，两端和中间各1个断面，每个断面连续量取钢筋间（排）距，取其平均值计1点
		梁板、拱肋	±10			
		基础、墩台、柱	±20			
		灌注桩	±20			
箍筋、横向水平筋、螺旋筋间距			±10		5	连续量5个间距，其平均值计1点
钢筋骨架尺寸	长		±10		3	用钢尺量，两端和中间各1处
	宽、高或直径		±5		3	
弯起钢筋位置			±20		30%	用钢尺量
钢筋保护层厚度	墩台、基础		±10		10	沿模板周边检查，用钢尺量
	梁、柱、桩		±5			
	板、墙		±3			

3. 完成柱钢筋成型和安装检验批质量验收记录表的填写

依据柱钢筋成型和安装的质量验收标准，填写柱钢筋成型和安装检验批质量验收记录表。

三、墩台砌体检验批质量验收记录表填写

1. 给出墩台砌体检验批质量验收记录表（见附表43），了解其填写内容。

2. 混凝土柱的质量验收标准

（1）主控项目（经抽样检验合格），对应质量验收记录表的知识要求为：

柱与基础连接处必须接触严密、焊接牢固、混凝土灌注密实，混凝土强度符合设计要求。

检查数量：全数检查。

检验方法：观察、检查施工记录，用焊缝量规量测，检查试件试验报告。

（2）质量验收记录表一般项目（抽样检验的合格率应达到 80%，且超差点的最大偏差值应在允许偏差值的 1.5 倍范围内）。

砌筑墩台允许偏差应符合表 4-5 的规定。

砌筑墩台允许偏差　　　　　　　　　　　　　　　　表 4-5

项目		允许偏差（mm）		检验频率		检验方法
		浆砌块石	浆砌料石、砌块	范围	点数	
墩台尺寸	长	+20，−10	+10，0	每个墩台身	3	用钢尺量 3 个断面
	厚	±10	+10，0		3	用钢尺量 3 个断面
顶面高程		±15	±10		4	用水准仪测量
轴线偏位		15	10		4	用经纬仪测量纵横各 2 点
墙身垂直度		≤0.5%H，且不大于 20	≤0.3%H，且不大于 15		4	用经纬仪测量或垂线和钢尺量
墙面平整度		30	10		4	用 2m 直尺、塞尺量
水平缝平直		—	10		4	用 10m 小线、钢尺量
墙面坡度		符合设计要求	符合设计要求		4	用坡度板量

3. 完成墩台砌体检验批质量验收记录表的填写

依据混凝土柱的质量验收标准，填写墩台砌体检验批质量验收记录表。

【学习支持】　桥梁墩台工程资料编制依据

《城市桥梁工程施工与质量验收规范》CJJ 2—2008

【提醒】　教与学注意点

1. 明确柱模板与支架、柱钢筋、混凝土柱的验收标准及要求。

2. 质量验收记录表中主控项目与一般项目的区别，表中各数据的采集方法和计算方法。

【实践活动】　工作任务布置

依据《吉祥桥工程图纸》，完成桥梁工程墩台工程的资料编制。

【任务评价】

1. 自评（20%）：主控项目与一般项目的理解　很好□　较好□　一般□　还需努力□

　　　　　　　　　　合格率计算的理解　很好□　较好□　一般□　还需努力□

　　　　　　　　资料表格填写的准确性　很好□　较好□　一般□　还需努力□

2. 小组互评（40%）：

资料表格填写的准确性　优□　良□　中□　差□

3. 教师评价（40%）：

资料表格填写的准确性　优□　良□　中□　差□

任务 4.4　盖梁工程资料编制

【情境描述】 教学活动场景与任务目标说明

桥梁盖梁工程施工流程为：盖梁模板与支架、盖梁钢筋、盖梁混凝土。通过教师讲解规范的资料填写要求，使学生能够正确填写盖梁工程资料。

【任务实施】 桥梁盖梁工程资料编制

一、盖梁模板、支架和拱架安装检验批质量验收记录表填写

1. 给出盖梁模板、支架和拱架安装检验批质量验收记录表（见附表44），了解其填写内容。

2. 盖梁模板与支架的质量验收标准

（1）主控项目（经抽样检验合格），对应质量验收记录表的知识要求为：

模板、支架和拱架制作及安装应符合施工设计图（施工方案）的规定，且稳固牢靠，接缝严密，立柱基础有足够的支撑面和排水、防冻措施。

检查数量：全数检查。

检查方法：观察和用钢尺量。

（2）一般项目（抽样检验的合格率应达到80%，且超差点的最大偏差值应在允许偏差值的1.5倍范围内），一般项目中合格率按下式计算：

$$合格率(\%) = \frac{合格点数}{应测点数} \times 100\%$$

模板、支架和拱架安装允许偏差应符合表4-3的规定。

3. 完成盖梁模板、支架和拱架安装检验批质量验收记录表的填写

依据盖梁模板与支架的质量验收标准，填写模板、支架和拱架安装检验批质量验收记录表。

二、盖梁钢筋成型和安装检验批质量验收记录表填写

1. 给出盖梁钢筋成型和安装检验批质量验收记录表（见附表45），了解其填写内容。

2. 盖梁钢筋成型和安装的质量验收标准

（1）主控项目（经抽样检验合格），对应质量验收记录表的知识要求为：

1）钢筋的连接形式必须符合设计要求。

检查数量：全数检查。

检验方法：观察。

2）钢筋安装时，其品种、规格、数量、形状必须符合设计要求。

检查数量：全数检查。

检验方法：观察、用钢尺量。

（2）一般项目（抽样检验的合格率应达到80%，且超差点的最大偏差值应在允许偏差值的1.5倍范围内），对应质量验收记录表的知识要求为：

钢筋加工允许偏差应符合表 4-6 的规定。

钢筋加工允许偏差　　　　　　表 4-6

检查项目	允许偏差 （mm）	检查频率		检查方法
		范围	点数	
受力钢筋顺长度方向全长的净尺寸	±10	按每工作日同一类型钢筋、同一加工设备抽查 3 件	3	用钢尺量
弯起钢筋的弯折	±20			
箍筋内净尺寸	±5			

3. 完成盖梁钢筋成型和安装检验批质量验收记录表的填写

依据盖梁钢筋成型和安装的质量验收标准，填写盖梁钢筋成型和安装检验批质量验收记录表。

三、现浇混凝土盖梁检验批质量验收记录表填写

1. 给出现浇混凝土盖梁检验批质量验收记录表（见附表 46），了解其填写内容。

2. 现浇混凝土盖梁的质量验收标准

（1）主控项目（经抽样检验合格），对应质量验收记录表的知识要求：

现浇混凝土盖梁不得出现超过设计规定的受力裂缝。

检查数量：全数检查。

检验方法：观察。

（2）质量验收记录表一般项目（抽样检验的合格率应达到 80%，且超差点的最大偏差值应在允许偏差值的 1.5 倍范围内）。

1）现浇混凝土盖梁允许偏差应符合表 4-7 的规定。

现浇混凝土盖梁允许偏差　　　　　　表 4-7

项目		允许偏差 （mm）	检验频率		检验方法
			范围	点数	
盖梁尺寸	长	+20，−10	每个盖梁	2	用钢尺量，两侧各 1 点
	宽	+10，0		3	用钢尺量，两端及中间各 1 点
	高	±5		3	
盖梁轴线偏位		8		4	用经纬仪测量，纵横各 2 点
盖梁顶面高程		0，−5		3	用水准仪测量，两端及中间各 1 点
平整度		5		2	用 2m 直尺和塞尺量
支座垫石预留位置		10	每个	4	用钢尺量，纵横各 2 点
预埋件位置	高程	±2	每件	1	用水准仪测量
	轴线	5		1	经纬仪放线，用钢尺量

2）盖梁表面应无孔洞、露筋、蜂窝、麻面。

检查数量：全数检查。

检验方法：观察。

3. 完成现浇混凝土盖梁检验批质量验收记录表的填写

依据现浇混凝土盖梁的质量验收标准，填写现浇混凝土盖梁检验批质量验收记录表。

【学习支持】 桥梁盖梁工程资料编制依据

《城市桥梁工程施工与质量验收规范》CJJ 2—2008

【提醒】 教与学注意点

1. 明确盖梁模板与支架、盖梁钢筋、混凝土盖梁的验收标准及要求。

2. 质量验收记录表中主控项目与一般项目的区别，表中各数据的采集方法和计算方法。

【实践活动】 工作任务布置

依据《吉祥桥工程图纸》，完成桥梁工程盖梁工程资料编制。

【任务评价】

1. 自评（20%）：主控项目与一般项目的理解　很好□　较好□　一般□　还需努力□

合格率计算的理解　很好□　较好□　一般□　还需努力□

资料表格填写的准确性　很好□　较好□　一般□　还需努力□

2. 小组互评（40%）：

资料表格填写的准确性　优□　良□　中□　差□

3. 教师评价（40%）：

资料表格填写的准确性　优□　良□　中□　差□

任务 4.5　支座工程资料编制

【情境描述】 教学活动场景与任务目标说明

桥梁支座工程施工流程为：垫石混凝土、支座安装、挡块混凝土。通过教师讲解规范的资料填写要求，使学生能够正确填写盖梁工程资料。

【任务实施】 桥梁支座工程资料编制

一、垫石、挡块混凝土检验批质量验收记录表填写

1. 给出混凝土检验批质量验收记录表（见附表47），了解其填写内容。

2. 垫石、挡块混凝土的质量验收标准

（1）主控项目（经抽样检验合格），对应质量验收记录表的知识要求为：

1）水泥进场除全数检验合格证和出厂检验报告外，应对其强度、细度、安定性和凝固时间抽样复验。

检验数量：同生产厂家、同批号、同品种、同强度等级、同出厂日期且连续进场的水泥，散装水泥每500t为一批，袋装水泥每200t为一批，当不足上述数量时，也按一批

计，每批抽样不少于 1 次。

检验方法：检查试验报告。

2）混凝土外加剂除全数检验合格证和出厂检验报告外，应对其减水率、凝结时间差、抗压强度比抽样检验。

检验数量：同生产厂家、同批号、同品种、同强度等级、同出厂日期且连续进场的外加剂，每 50t 为一批，不足 50t 时，也按一批计，每批至少抽样 1 次。

检验方法：检查试验报告。

（2）一般项目（抽样检验的合格率应达到 80%，且超差点的最大偏差值应在允许偏差值的 1.5 倍范围内），一般项目中合格率按下式计算：

$$合格率(\%) = \frac{合格点数}{应测点数} \times 100\%$$

1）混凝土掺用的矿物掺合料除全数检验合格证和出厂检验报告外，应对其细度、含水率、抗压强度比等项目抽样检验。

检验数量：同品种、同等级且连续进场的矿物掺合料，每 200t 为一批，当不足 200t 时，也按一批计，每批至少抽样 1 次。

检验方法：检查试验报告。

2）混凝土拌合物的坍落度应符合设计配合比要求。

检验数量：每工作班不少于 1 次。

检验方法：用坍落度仪检测。

3. 完成垫石、挡块混凝土检验批质量验收记录表的填写

依据垫石、挡块混凝土的质量验收标准，填写垫石、挡块混凝土检验批质量验收记录表。

二、支座安装检验批质量验收记录表填写

1. 给出支座安装检验批质量验收记录表（见附表 48），了解其填写内容。

2. 支座安装的质量验收标准

（1）主控项目（经抽样检验合格），对应质量验收记录表的知识要求为：

1）支座应进行进场检验。

检查数量：全数检查。

检验方法：检查合格证、出厂性能试验报告。

2）支座安装前，应检查跨距、支座栓孔位置和支座垫石顶面高程、平整度、坡度、坡向，确认符合设计要求。

检查数量：全数检查。

检验方法：用经纬仪、水准仪与钢尺量测。

3）支座与梁底及垫石之间必须密贴，间隙不得大于 0.3mm。垫层材料和强度应符合设计要求。

检查数量：全数检查。

检验方法：观察或用塞尺检查，检查垫层材料产品合格证。

4）支座锚栓的埋置深度和外露长度应符合设计要求。支座锚栓应在其位置调整准确

后固结，锚栓与孔之间隙必须填捣密实。

检查数量：全数检查。

检验方法：观察。

5）支座的粘结灌浆和润滑材料应符合设计要求。

检查数量：全数检查。

检验方法：检查粘结灌浆材料的配合比通知单，检查润滑材料产品合格证、进场验收记录。

（2）一般项目（抽样检验的合格率应达到 80%，且超差点的最大偏差值应在允许偏差值的 1.5 倍范围内），对应质量验收记录表的知识要求为：

支座安装允许偏差应符合表 4-8 的规定。

表 4-8

支座安装允许偏差

项目	允许偏差 (mm)	检验频率		检验方法
		范围	点数	
支座高程	±5	每个支座	1	用水准仪测量
支座偏位	3		2	用经纬仪、钢尺量

3. 完成支座安装检验批质量验收记录表的填写

依据支座安装的质量验收标准，填写支座安装检验批质量验收记录表。

【学习支持】 桥梁支座工程资料编制依据

《城市桥梁工程施工与质量验收规范》CJJ 2—2008

【提醒】 教与学注意点

1. 明确垫石混凝土、支座安装、挡块混凝土的验收标准及要求。

2. 质量验收记录表中主控项目与一般项目的区别，表中各数据的采集方法和计算方法。

【实践活动】 工作任务布置

依据《吉祥桥工程图纸》，完成桥梁工程支座工程的资料编制。

【任务评价】

1. 自评（20%）：主控项目与一般项目的理解　很好□　较好□　一般□　还需努力□

　　　　　　　　合格率计算的理解　很好□　较好□　一般□　还需努力□

　　　　　　　资料表格填写的准确性　很好□　较好□　一般□　还需努力□

2. 小组互评（40%）：

资料表格填写的准确性　优□　良□　中□　差□

3. 教师评价（40%）：

资料表格填写的准确性　优□　良□　中□　差□

任务 4.6　桥跨承重结构工程资料编制

【情境描述】　教学活动场景与任务目标说明

通过教师讲解规范的资料填写要求，使学生能够正确填写桥跨承重结构工程资料。

【任务实施】　桥梁桥跨承重结构工程资料编制

一、预制梁（板）检验批质量验收记录表填写

1. 给出预制梁（板）检验批质量验收记录表（见附表 49），了解其填写内容。

2. 预制钢筋混凝土梁（板）（模板、钢筋、混凝土）的质量验收标准

（1）主控项目（经抽样检验合格），对应质量验收记录表的知识要求为：

结构表面不得出现超过设计规定的受力裂缝。

检查数量：全数检查。

检验方法：观察或用读数放大镜观测。

（2）一般项目（抽样检验的合格率应达到 80%，且超差点的最大偏差值应在允许偏差值的 1.5 倍范围内），一般项目中合格率按下式计算：

$$合格率(\%) = \frac{合格点数}{应测点数} \times 100\%$$

1）预制梁、板允许偏差应符合表 4-9 的规定。

预制梁、板允许偏差　　　　　　　　　　　　　　　　　表 4-9

检查项目		允许偏差（mm）		检验频率		检验方法
		梁	板	范围	点数	
断面尺寸（mm）	宽	0 −10		每个构件	5	用钢尺量，端部、$L/4$ 处和中间各 1 点
	高	±5	—		5	
	顶、底、腹板厚	±5			5	
长度		0 −10			4	用钢尺量，两侧上、下各 1 点
侧向弯曲		$L/1000$ 且不大于 10			2	沿构件全长接线，用钢尺量，左右各 1 点
对角线长度差		15			1	用钢尺量
平整度		8			2	用 2m 直尺、塞尺量

2）混凝土表面应无孔洞、露筋、蜂窝、麻面和宽度超过 0.15mm 的收缩裂缝。

检查数量：全数检查。

检验方法：观察、读数放大镜观测。

3. 完成预制梁（板）检验批质量验收记录表的填写

依据预制钢筋混凝土梁（板）（模板、钢筋、混凝土）的质量验收标准，填写预制梁（板）检验批质量验收记录表。

二、梁、板安装检验批质量验收记录表填写

1. 给出梁、板安装检验批质量验收记录表（见附表50），了解其填写内容。

2. 安装预制钢筋混凝土梁（板）的质量验收标准

（1）主控项目（经抽样检验合格），对应质量验收记录表的知识要求为：

安装时结构强度及预应力孔道砂浆强度必须符合设计要求，设计未要求时，必须达到设计强度的75%。

检查数量：全数检查。

检验方法：检查试件强度试验报告。

（2）一般项目（抽样检验的合格率应达到80%，且超差点的最大偏差值应在允许偏差值的1.5倍范围内），对应质量验收记录表的知识要求为：

梁、板安装允许偏差应符合表4-10的规定。

梁、板安装允许偏差　　　　　　　　　　　　　　表4-10

检查项目		允许偏差（mm）		检验频率		检验方法
		梁	板	范围	点数	
平面位置	顺桥纵轴线方向	10		每个构件	1	用经纬仪测量
	垂直桥纵轴线方向	5			1	
焊接横隔梁相对位置		10		每处	1	用钢尺量
湿接横隔梁相对位置		20			1	
伸缩缝宽度		+10 −5		每个构件	1	
支座板	每块位置	5			2	用钢尺量，纵、横各1点
	每块边缘高差	1			2	用钢尺量，纵、横各1点
焊缝长度		不小于设计要求		每处	1	抽查焊缝的10%
相邻两构件支点处顶面高差		10		每个构件	2	用钢尺量
块体拼装立缝宽度		+10 −5			1	
垂直度		1.2%		每孔2片梁	2	用垂线和钢尺量

3. 完成梁、板安装检验批质量验收记录表的填写

依据安装预制钢筋混凝土梁（板）的质量验收标准，填写梁、板安装检验批质量验收记录表。

【学习支持】 桥梁桥跨承重结构工程资料编制依据

《城市桥梁工程施工与质量验收规范》CJJ 2—2008

【提醒】 教与学注意点

1. 明确预制钢筋混凝土梁（板）（模板、钢筋、混凝土）、安装预制钢筋混凝土梁

（板）的验收标准及要求。

2. 质量验收记录表中主控项目与一般项目的区别，表中各数据的采集方法和计算方法。

【实践活动】　工作任务布置

依据《吉祥桥工程图纸》，完成桥梁工程桥跨承重结构工程资料编制。

【任务评价】

1. 自评（20%）：主控项目与一般项目的理解　很好□　较好□　一般□　还需努力□

合格率计算的理解　很好□　较好□　一般□　还需努力□

资料表格填写的准确性　很好□　较好□　一般□　还需努力□

2. 小组互评（40%）：

资料表格填写的准确性　优□　良□　中□　差□

3. 教师评价（40%）：

资料表格填写的准确性　优□　良□　中□　差□

任务 4.7　桥面系工程资料编制

【情境描述】　教学活动场景与任务目标说明

桥梁桥面系工程施工流程为：桥面铺装层（混凝土铺装——模板、钢筋、混凝土）、伸缩装置、防护设施。通过教师讲解规范的资料填写要求，使学生能够正确填写桥面系工程资料。

【任务实施】　桥梁桥面系工程资料编制

一、桥面铺装层检验批质量验收记录表填写

1. 给出桥面铺装层检验批质量验收记录表（见附表51），了解其填写内容。

2. 桥面铺装层（混凝土铺装——模板、钢筋、混凝土）的质量验收标准

（1）主控项目（经抽样检验合格），对应质量验收记录表的知识要求为：

桥面铺装层材料的品种、规格、性能、质量应符合设计要求和相关标准规定。

检查数量：全数检查。

检验方法：检查材料合格证、进场验收报告和质量检验报告。

（2）一般项目（抽样检验的合格率应达到80%，且超差点的最大偏差值应在允许偏差值的1.5倍范围内），一般项目中合格率按下式计算：

$$合格率(\%) = \frac{合格点数}{应测点数} \times 100\%$$

1）桥面铺装面层允许偏差应符合表4-11的规定。

水泥混凝土桥面铺装面层允许偏差 表 4-11

项目	允许偏差（mm）	检验频率		检验方法
		范围	点数	
厚度	±5mm	每 20 延米	3	用水准仪对比浇筑前后标高
横坡	±0.15%		1	用水准仪测量 1 个断面
平整度	符合城市道路面层标准	按城市道路工程检测规定执行		
抗滑构造深度	符合设计要求	每 200m	3	铺砂法

注：跨度小于 20m 时，检验频率按 20m 计算。

2) 外观检查应符合下列要求：

① 水泥混凝土桥面铺装面层表面应坚实、平整，无裂缝，并应有足够的粗糙度；面层伸缩缝应直顺，灌缝应密实。

② 沥青混凝土桥面铺装层表面应坚实、平整，无裂纹、松散、油包、麻面。

③ 桥面铺装层与桥头路接茬应紧密、平顺。

检查数量：全数检查。

检验方法：观察。

3. 完成桥面铺装层检验批质量验收记录表的填写

依据桥面铺装层（混凝土铺装——模板、钢筋、混凝土）的质量验收标准，填写桥面铺装层检验批质量验收记录表。

二、伸缩装置检验批质量验收记录表填写

1. 给出伸缩装置检验批质量验收记录表（见附表 52），了解其填写内容。

2. 伸缩装置的质量验收标准

(1) 主控项目（经抽样检验合格），对应质量验收记录表的知识要求为：

1) 伸缩装置的形式和规格必须符合设计要求，缝宽应根据设计规定和安装时的气温进行调整。

检查数量：全数检查。

检验方法：观察，钢尺量测。

2) 伸缩装置安装时焊接质量和焊缝长度应符合设计要求和规范规定，焊缝必须牢固，严禁用点焊连接。大型伸缩装置与钢梁连接处的焊缝应做超声波检测。

检查数量：全数检查。

检验方法：观察，检查焊缝检测报告。

3) 伸缩装置锚固部位的混凝土强度应符合设计要求，表面应平整，与路面衔接应平顺。

检查数量：全数检查。

检验方法：观察，检查同条件养护试件强度试验报告。

(2) 一般项目（抽样检验的合格率应达到 80%，且超差点的最大偏差值应在允许偏差值的 1.5 倍范围内），对应质量验收记录表的知识要求为：

1) 伸缩装置安装允许偏差应符合表 4-12 的规定。

伸缩装置安装允许偏差　　　　　　　　表 4-12

项目	允许偏差（mm）	检验频率		检验方法
		范围	点数	
顺桥平整度	符合道路标准	每条缝	每车道1点	按道路检验标准检测
相邻板差	2			用钢板尺和塞尺量
缝宽	符合设计要求			用钢尺量，任意选点
与桥面高差	2			用钢板尺和塞尺量
长度	符合设计要求		2	用钢尺量

2）伸缩装置应无渗漏、无变形，伸缩缝应无阻塞。

检查数量：全数检查。

检验方法：观察。

3. 完成伸缩装置检验批质量验收记录表的填写

依据伸缩装置的质量验收标准，填写伸缩装置检验批质量验收记录表。

三、防撞护栏、防撞墩、隔离墩检验批质量验收记录表填写

1. 给出防撞护栏、防撞墩、隔离墩检验批质量验收记录表（见附表53），了解其填写内容。

2. 防护设施的质量验收标准

（1）质量验收记录表主控项目（经抽样检验合格），对应质量验收记录表的知识要求为：

混凝土栏杆、防撞护栏、防撞墩、隔离墩的强度应符合设计要求，安装必须牢固、稳定。

检查数量：全数检查。

检验方法：观察，检查混凝土试件强度试验报告。

（2）质量验收记录表一般项目（抽样检验的合格率应达到80%，且超差点的最大偏差值应在允许偏差值的 1.5 倍范围内）。

1）防撞护栏、防撞墩、隔离墩允许偏差应符合表 4-13 的规定。

防撞护栏、防撞墩、隔离墩允许偏差　　　　　　　表 4-13

项目	允许偏差（mm）	检验频率		检验方法
		范围	点数	
直顺度	5	每20m	1	用20m线和钢尺量
平面偏位	4	每20m	1	经纬仪放线，用钢尺量
预埋件位置	5	每件	2	经纬仪放线，用钢尺量
断面尺寸	±5	每20m	1	用钢尺量
相邻高差	3	抽查20%		用钢板尺和钢尺量
顶面高程	±10	每20m	1	用水准仪测量

2）混凝土结构表面不得有孔洞、露筋、蜂窝、麻面、缺棱、掉角等缺陷，线形应流畅平顺。

检查数量：全数检查。

检验方法：观察。

3）防护设施伸缩缝必须全部贯通，并与主梁伸缩缝相对应。

检查数量：全数检查。

检验方法：观察。

3. 完成防撞护栏、防撞墩、隔离墩检验批质量验收记录表的填写

依据防护设施的质量验收标准，填写防撞护栏、防撞墩、隔离墩检验批质量验收记录表。

【学习支持】 桥梁桥面系工程资料编制依据

《城市桥梁工程施工与质量验收规范》CJJ 2—2008

【提醒】 教与学注意点

1. 明确桥面铺装层（混凝土铺装——模板、钢筋、混凝土）、伸缩装置、防护设施的验收标准及要求。

2. 质量验收记录表中主控项目与一般项目的区别，表中各数据的采集方法和计算方法。

【实践活动】 工作任务布置

依据《吉祥桥工程图纸》，完成桥梁工程桥面系工程的资料编制。

【任务评价】

1. 自评（20%）：主控项目与一般项目的理解　很好□　较好□　一般□　还需努力□

合格率计算的理解　很好□　较好□　一般□　还需努力□

资料表格填写的准确性　很好□　较好□　一般□　还需努力□

2. 小组互评（40%）：

资料表格填写的准确性　优□　良□　中□　差□

3. 教师评价（40%）：

资料表格填写的准确性　优□　良□　中□　差□

任务 4.8　附属结构工程资料编制

【情境描述】 教学活动场景与任务目标说明

桥梁附属结构工程施工流程为：桥头搭板模板、桥头搭板钢筋、桥头搭板混凝土。通过教师讲解规范的资料填写要求，使学生能够正确填写附属结构工程资料。

【任务实施】 桥梁附属结构工程资料编制

一、桥头搭板的模板制作检验批质量验收记录表填写

1. 给出模板制作检验批质量验收记录表（见附表54），了解其填写内容。

2. 桥头搭板模板制作的质量验收标准

（1）主控项目（经抽样检验合格），对应质量验收记录表的知识要求为：

模板、支架和拱架制作及安装应符合施工设计图（施工方案）的规定，且稳固牢靠，接缝严密，立柱基础有足够的支撑面和排水、防冻融措施。

检查数量：全数检查。

检验方法：观察和用钢尺量。

（2）一般项目（抽样检验的合格率应达到 80%，且超差点的最大偏差值应在允许偏差值的 1.5 倍范围内），一般项目中合格率按下式计算：

$$合格率(\%) = \frac{合格点数}{应测点数} \times 100\%$$

模板制作允许偏差应符合表 4-14 的规定。

模板制作允许偏差　　　　表 4-14

项目			允许偏差（mm）	检验频率		检验方法
				范围	点数	
木模板	模板的长度和宽度		±5	每个构筑物或每个构件	4	用钢尺量
	不刨光模板相邻两板表面高低差		3			用钢板尺和塞尺量
	刨光模板相邻两板表面高低差		1			用 2 米直尺和塞尺量
	平板模板表面最大的局部不平（刨光模板）		3			
	平板模板表面最大的局部不平（不刨光模板）		5			
	榫槽嵌接紧密度		2		2	
钢模板	模板的长度和宽度		0，−1		4	用钢尺量
	肋高		±5		2	
	面板端偏斜		0.5		2	用水平尺量
	连接配件（螺栓、卡子等）的孔眼位置	孔中心与板面的间距	±0.3		4	用钢尺量
		板端孔中心与板端的间距	0，−0.5			
		沿板长宽方向的孔	±0.6			
	板面局部不平		1.0			用 2 米直尺和塞尺量
	板面和板侧挠度		±1.0		1	用水准尺和拉线量

3. 完成桥头搭板模板制作检验批质量验收记录表的填写

依据桥头搭板模板制作的质量验收标准，填写桥头搭板模板制作检验批质量验收记录表。

二、桥头搭板的钢筋加工检验批质量验收记录表填写

1. 给出桥头搭板的钢筋加工检验批质量验收记录表（见附表 55），了解其填写内容。

2. 桥头搭板钢筋加工的质量验收标准

（1）主控项目（经抽样检验合格），对应质量验收记录表的知识要求为：

1）钢筋、焊条的品种、牌号、规格和技术性能必须符合国家现行标准规定和设计要求。

检查数量：全数检查。

检验方法：检查产品合格证、出厂检验报告。

2）钢筋进场时，必须按批抽取试件做力学性能和工艺性能试验，其质量必须符合国家现行标准的规定。

检查数量：以同牌号、同炉号、同规格、同交货状态的钢筋，每 60t 为一批，不足 60t 也按一批计，每批抽检 1 次。

检验方法：检查试件检验报告。

3）当钢筋出现脆断、焊接性能不良或力学性能显著不正常等现象时，应对该批钢筋进行化学成分检验或其他专项检验。

检查数量：该批钢筋全数检查。

检验方法：检查专项检验报告。

（2）一般项目（抽样检验的合格率应达到 80%，且超差点的最大偏差值应在允许偏差值的 1.5 倍范围内），对应质量验收记录表的知识要求为：

1）钢筋表面不得有裂纹、结疤、折叠、锈蚀和油污，钢筋焊接接头表面不得有夹渣焊瘤。

检查数量：全数检查。

检验方法：观察。

2）钢筋加工允许偏差应符合表 4-15 的规定

钢筋加工允许偏差 表 4-15

检查项目	允许偏差（mm）	检查频率		检查方法
		范围	点数	
受力钢筋顺长度方向全长的净尺寸	±10	按每工作日同一类型钢筋、同一加工设备抽查 3 件	3	用钢尺量
弯起钢筋的弯折	±20			
箍筋内净尺寸	±5			

3）钢筋网允许偏差应符合表 4-16 的规定。

钢筋网允许偏差 表 4-16

检查项目	允许偏差（mm）	检验频率		检验方法
		范围	点数	
网的长、宽	±10	每片钢筋网	3	用钢尺量两端和中间各 1 处
网眼尺寸	±10			用钢尺量任意 3 个网眼
网眼对角线差	15			用钢尺量任意 3 个网眼

3. 完成桥头搭板钢筋加工检验批质量验收记录表的填写

依据桥头搭板钢筋加工的质量验收标准，填写桥头搭板钢筋加工检验批质量验收记录表。

三、桥头搭板检验批质量验收记录表填写

1. 给出桥头搭板检验批质量验收记录表（见附表 56），了解其填写内容。

2. 桥头搭板混凝土的质量验收标准。

（1）质量验收记录表主控项目（经抽样检验合格），对应质量验收记录表的知识要求为：

1）现浇和预制桥头搭板，应保证桥梁伸缩缝贯通、不堵塞，且与地梁、桥台锚固牢固。

2）现浇桥头搭板基底应平整、密实，在砂土上浇筑应铺 3～5cm 厚水泥砂浆垫层。

（2）质量验收记录表一般项目（抽样检验的合格率应达到 80%，且超差点的最大偏差值应在允许偏差值的 1.5 倍范围内）。

1）桥头搭板允许偏差应符合表 4-17 的规定。

混凝土桥头搭板（预制或现浇）允许偏差   表 4-17

项目	允许偏差（mm）	检验频率		检验方法
		范围	点数	
宽度	±10		2	用钢尺量
厚度	±5		2	
长度	±10		2	
顶面高程	±2	每块	3	用水准仪测量，每端 3 点
轴线偏位	10		2	用经纬仪测量
板顶纵坡	±0.3%		3	用水准仪测量，每端 3 点

2）混凝土搭板、枕梁不得有蜂窝、露筋，板的表面应平整，板边缘应直顺。

检查数量：全数检查。

检验方法：观察。

3）搭板、枕梁支承处接触严密、稳固，相邻板之间的缝隙应嵌填密实。

检查数量：全数检查。

检验方法：观察。

3. 完成桥头搭板检验批质量验收记录表的填写

依据桥头搭板混凝土的质量验收标准，填写桥头搭板检验批质量验收记录表。

【学习支持】 桥梁附属结构工程资料编制依据

《城市桥梁工程施工与质量验收规范》CJJ 2—2008

【提醒】 教与学注意点

1. 明确桥头搭板模板、桥头搭板钢筋、桥头搭板混凝土的验收标准及要求。

2. 质量验收记录表中主控项目与一般项目的区别，表中各数据的采集方法和计算方法。

【实践活动】 工作任务布置

依据《吉祥桥工程图纸》，完成桥梁工程附属结构工程的资料编制。

【任务评价】

1. 自评（20%）：主控项目与一般项目的理解   很好□   较好□   一般□   还需努力□
                 合格率计算的理解   很好□   较好□   一般□   还需努力□
                 资料表格填写的准确性   很好□   较好□   一般□   还需努力□

2. 小组互评（40%）：

资料表格填写的准确性   优□   良□   中□   差□

3. 教师评价（40%）：

资料表格填写的准确性   优□   良□   中□   差□

任务 4.9 桥梁工程质量验收资料编制

【情境描述】 教学活动场景与任务目标说明

桥梁工程在施工完成后需要对分项、分部、单位工程质量进行验收。通过教师讲解规范的资料填写要求，使学生能够正确填写桥梁工程质量验收资料。

【任务实施】 桥梁工程质量验收资料编制

一、分项工程质量验收记录表填写

1. 给出分项工程质量验收记录表（见附表 34），了解其填写内容。

2. 分项工程质量验收记录表填写规定

分项工程质量应由监理工程师（建设项目专业技术负责人）组织施工项目技术负责人等进行验收。

3. 完成分项工程质量验收记录表的填写

依据分项工程质量验收要求，填写分项工程质量验收记录表。

二、分部（子分部）工程质量验收记录表填写

1. 给出分部（子分部）工程质量验收记录表（见附表 35），了解其填写内容。

2. 分部（子分部）工程质量验收记录表填写规定

分部（子分部）工程质量应由总监理工程师和建设项目专业负责人组织施工项目经理和有关单位项目负责人进行验收。

3. 完成分部（子分部）工程质量验收记录表的填写

依据分部（子分部）工程质量验收要求，填写分部（子分部）工程质量验收记录表。

三、单位（子单位）工程质量记录表填写

1. 给出单位（子单位）工程质量竣工验收记录表（见附表 21）、桥梁工程外观质量检查记录表（见附表 57）、桥梁工程实体质量检查记录表（见附表 58）、桥梁工程安全和功能检验资料核查及主要功能抽查记录表（见附表 59），了解其填写内容。

2. 单位（子单位）工程质量记录表填写规定

单位（子单位）工程质量竣工验收记录由施工单位填写，验收结论由监理（建设）单位填写，综合验收结论由参加验收各方共同商定，建设单位填写，并应对工程质量是否符合规范规定和设计要求及总体质量水平做出评价。

3. 完成单位（子单位）工程质量记录表的填写

依据单位（子单位）工程质量记录的要求，填写单位（子单位）工程质量竣工验收记录表、桥梁工程外观质量检查记录表、桥梁工程实体质量检查记录表、桥梁工程安全和功能检验资料核查及主要功能抽查记录表。

【学习支持】 桥梁工程质量验收编制依据

《城市桥梁工程施工与质量验收规范》CJJ 2—2008

【提醒】 教与学注意点

明确桥梁工程质量验收的规定。

【实践活动】 工作任务布置

依据《吉祥桥工程图纸》，完成桥梁工程质量验收资料编制。

【任务评价】

1. 自评（20%）：质量验收规定的理解　　　很好□　较好□　一般□　还需努力□

　　　　　　　　桥梁工程质量验收资料编制　很好□　较好□　一般□　还需努力□

2. 小组互评（40%）：

桥梁工程质量验收资料编制　优□　良□　中□　差□

3. 教师评价（40%）：

桥梁工程质量验收资料编制　优□　良□　中□　差□

项目 5
市政工程施工资料整理

【项目概述】

    工程施工资料所占的比例大、种类多、涉及面广，使得资料的查阅难度大，为便于工程资料的检索，需要对资料进行组卷和归档，以节约查阅资料的时间，减少工作量。

    本项目主要介绍资料员如何对资料进行分类与归档整理，并符合档案管理的有关规定。

任务　市政工程施工资料组卷与归档

【情境描述】　教学活动场景与任务目标说明

引入市政工程资料管理的规范化、制度化和科学化要求，阐明资料员应对资料进行分类与归档整理，并符合档案管理的有关规定。通过教师讲解相应说明及要求，使学生熟悉工程资料的组卷与归档管理规定。

【任务实施】　熟悉工程资料的组卷与归档管理规定

1. 思考市政工程资料应如何组卷与归档
2. 市政工程资料组卷与归档要求
（1）施工技术资料内容分类

施工技术资料按其性质分为七类。第一类：建筑工程基本建设程序必备文件；第二类：综合管理资料；第三类：工程质量控制资料，包括验收资料、施工技术管理资料、产品质量证明文件、检验报告、施工记录及检测报告；第四类：工程安全和功能检验资料及主要功能抽查记录；第五类：检验批质量验收记录；第六类：施工日志；第七类：竣工图。在施工过程中及时、准确地收集和整理资料，做到不丢弃、不漏项、不填错、图实相符。

（2）工程技术资料的组卷要求

1）组卷原则

工程竣工后，工程建设的各参建单位应对工程资料编制组卷。由建设单位发包的专业承包施工工程，分包单位应将形成的施工资料直接移交建设单位；由总包单位发包的专业承包施工工程，分包单位应将形成的施工资料交总包单位，由总包单位汇总后移交建设单位。工程资料组卷应遵循以下原则：

① 组卷应遵循工程文件资料的形成规律，保持卷内文件资料的内在联系；

② 基建文件和监理资料可按一个项目或一个单位工程进行整理和组卷；

③ 施工资料应按单位工程进行组卷，可根据工程大小及资料的多少等具体情况，选择按专业或按分部、分项等进行整理和组卷；

④ 竣工图应按设计单位提供的施工图专业序列组卷；

⑤ 专业承包单位的工程资料应单独组卷；

⑥ 建筑节能工程现场实体检验资料应单独组卷；

⑦ 移交城建档案馆保存的工程资料案卷中，施工验收资料部分应单独组成一卷；

⑧ 资料管理目录应与其对应工程资料一同组卷；

⑨ 工程资料可根据资料数量多少组成一卷或多卷。

2）组卷顺序

按单位工程组卷，其中单位（子单位）工程按分部工程和要求办理中间验收的子分部工程（如桩基础工程和幕墙工程等）独立组卷，一般分为：组卷时按先文字、后图纸排列。每个单位工程竣工资料应有总目录，总目录由案卷目录和卷内目录组成，且单独列为一卷，案卷目录和卷内目录必须电脑打印。

卷内文件材料排列顺序，一般为案卷封面、卷内目录、文件材料、备考表及封底。

3）编制与组卷质量要求

① 工程资料应真实反映工程的实际状况，并与工程进度同步形成、收集和整理，必须完整、准确和系统。

② 工程资料应使用原件，因各种原因不能使用原件的，应在复印件上加盖原件存放单位公章，注明原件存放处，并有经办人签字及时间。

③ 工程资料应保证字迹清晰，签字、盖章手续齐全，签字必须使用档案规定用笔；计算机形成的工程资料应采用"内容打印，手工签名"的方式。

④ 施工图的变更、洽商图应符合技术要求。凡采用施工蓝图改绘竣工图的，必须使用反差明显的蓝图，竣工图图面应整洁。所有竣工图均应加盖竣工图章和设计出图专用章。

竣工图章的基本内容应包括："竣工图"字样、施工单位、编制人、审核人、技术负责人、编制日期、监理单位、现场监理、总监。竣工图尺寸为：50mm×80mm。竣工图章应使用不褪色的红印泥，应盖在图标栏上方空白处。竣工图章如图 5-1 所示。

利用施工图改绘竣工图，必须以变更图章标明变更修改依据，变更图章尺寸为：35mm×15mm。变更图章可以采用以下几种形式，如图 5-2 所示。

凡施工图结构、工艺、平面布置等有重大改变，或变更部分超过图面 1/3 的，应当重

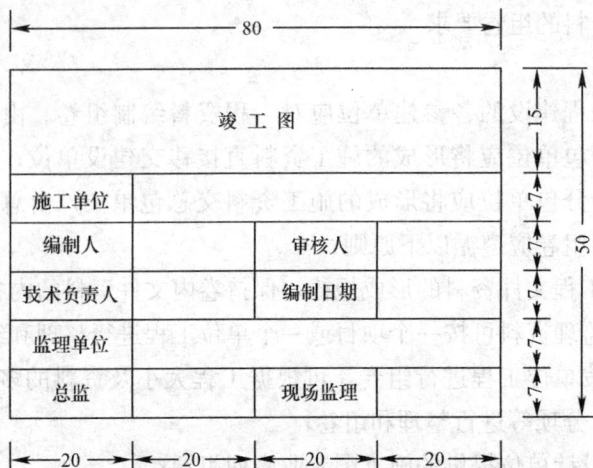

图 5-1 竣工图章（mm）

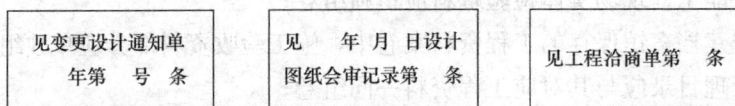

图 5-2 变更图章

新绘制竣工图，并在图标上方或旁边以文字注明变更修改依据。

对发生设计变更的工程项目，要求编制设计变更通知单汇总表（见表 5-1），该汇总表组卷时应放在所有设计变更通知单之前。

设计变更通知单汇总表　　　　　　　　　　　　　　　　　表 5-1

序号	通知单编号	对应的图号	图纸名称	变更部位	通知日期

不同幅面的工程图纸应统一折叠成 A4 幅面（297mm×210mm），横向按手风琴式折叠，竖向按顺时针方向向内折，图标栏露出在外面（按《技术制图复制图的折叠方法》GB/T 10609.3—2009）。

⑤ 工程档案的填写和编制，应符合档案缩微管理和计算机输入的要求。

⑥ 工程资料的照片及声像档案，应图像清晰、声音清楚、文字说明或内容准确。

（3）案卷编目

1）编写案卷页号

① 以独立卷为单位编写页号。对有书写内容的页面编写页号，用阿拉伯数字从"1"开始逐张编写（用打号机或钢笔）。案卷封面、卷内目录、备考表不编写页号，卷与卷之间的页号不得连续。

② 单面书写的文字材料页号编写在右下角，双面书写的文字材料页号正面编写在右下角，背面编写在左下角。图纸折叠后无论任何形式，一律编写在右下角。

③ 成套图纸或印刷成册的科技文件材料自成一卷的，原目录可代替卷内目录，不必重新编写页码。

④ 案卷封面、卷内目录、卷内备考表不编写页号。

2）卷内目录填写

根据卷内内容，打印目录，卷内目录排列在卷内文件首页之前，其样式如图 5-3 所示。

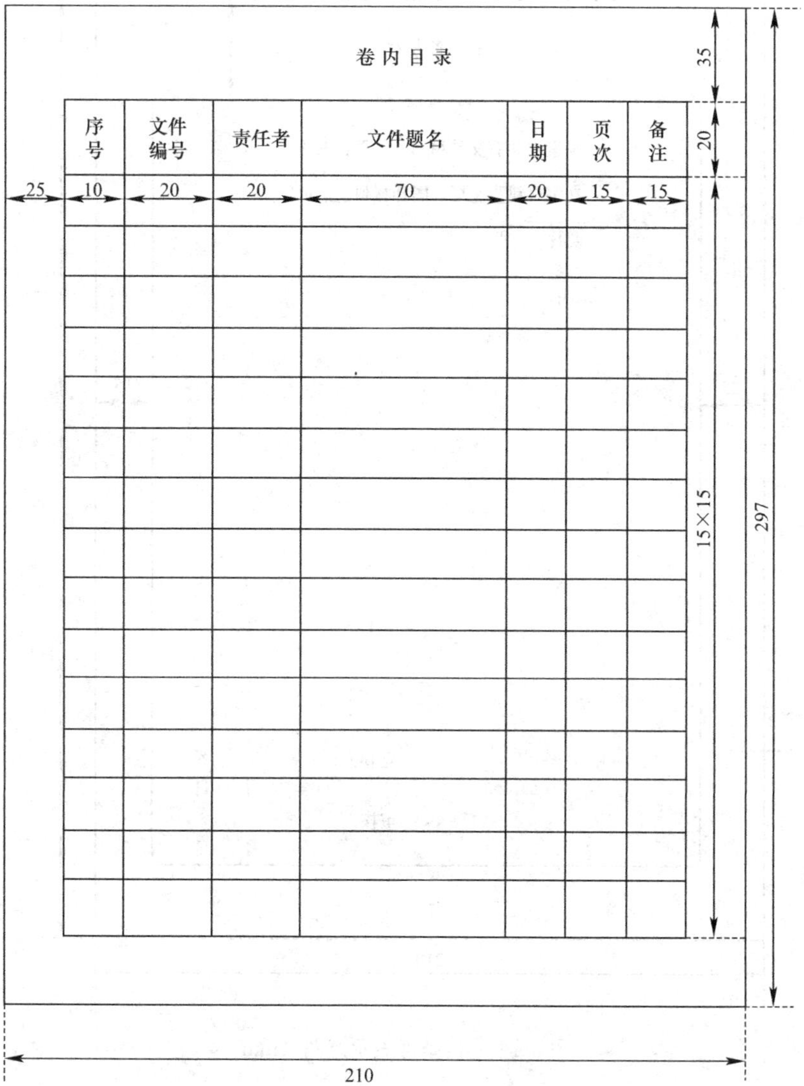

图 5-3　卷内目录示意图（mm）

序号：以一份文件为单位，用阿拉伯数字从"1"开始依次标注。

文件编号：填写工程文件原有的文号或图样的图号。

文件材料标题：填写文件材料的全称，无标题的文件应根据内容拟写标题。

日期：文件材料的形成时间（文字材料为原文件形成日期，汇总表为汇总日期，竣工图为编制日期）。

责任者：填写文件的直接形成单位和个人。有多个责任者时，选择两个主要责任者，其余用"等"代替。

页次：填写每份文件材料在本案卷页号或起止页号。

3）卷内备考表的编制

卷内备考表主要标明卷内文件的总页数、各类文件页数（照片张数），以及立卷单位对案卷情况的说明。卷内备考表排列在卷内文件尾页之后，其式样如图 5-4 所示。

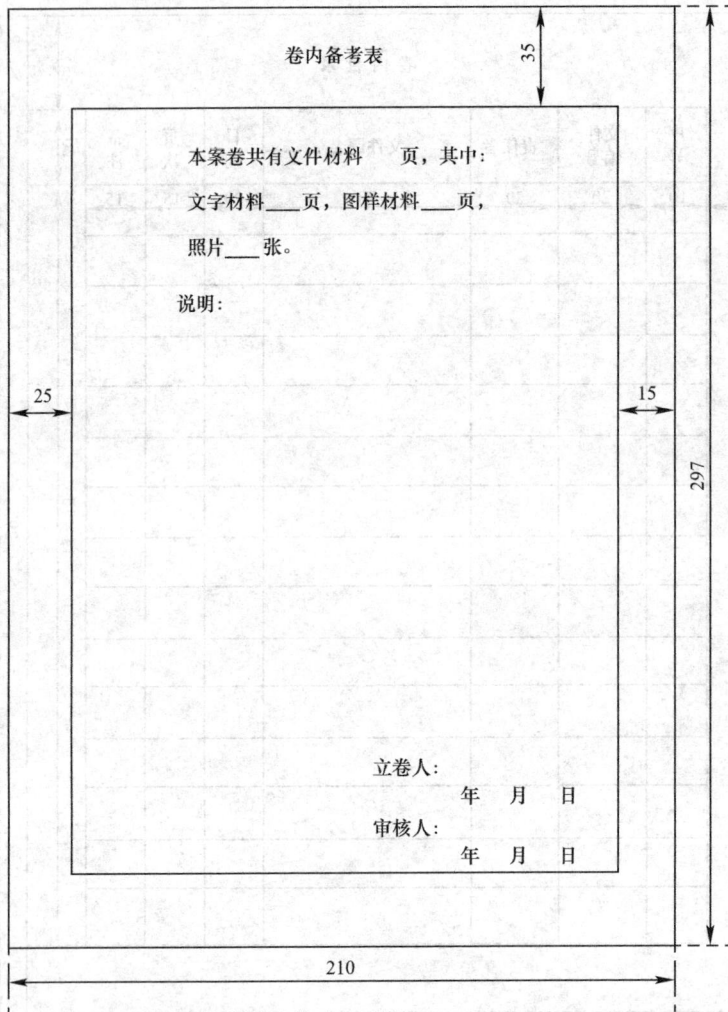

图 5-4　卷内备考表示意图（mm）

4）案卷封面的编制

案卷题名：应简明、准确地概括和揭示卷内文件的内容和形式特征，案卷题名由建设项目名称、子项工程名称（或代号）、案卷内容组成（三项分别不能超过 24 个汉字或 48 个字符）。档号、档案馆号、缩微号、保管期限和密级均由城市档案馆填写，施工单位不用填。案卷封面印刷在卷盒、卷夹的正表面，也可采用内封面形式，其尺寸要求与式样如图 5-5 所示。

案卷封面尺寸示意：卷盒、卷夹封面尺寸 $A \times B = 310mm \times 220mm$，案卷封面尺寸 $A \times B = 297mm \times 210mm$。

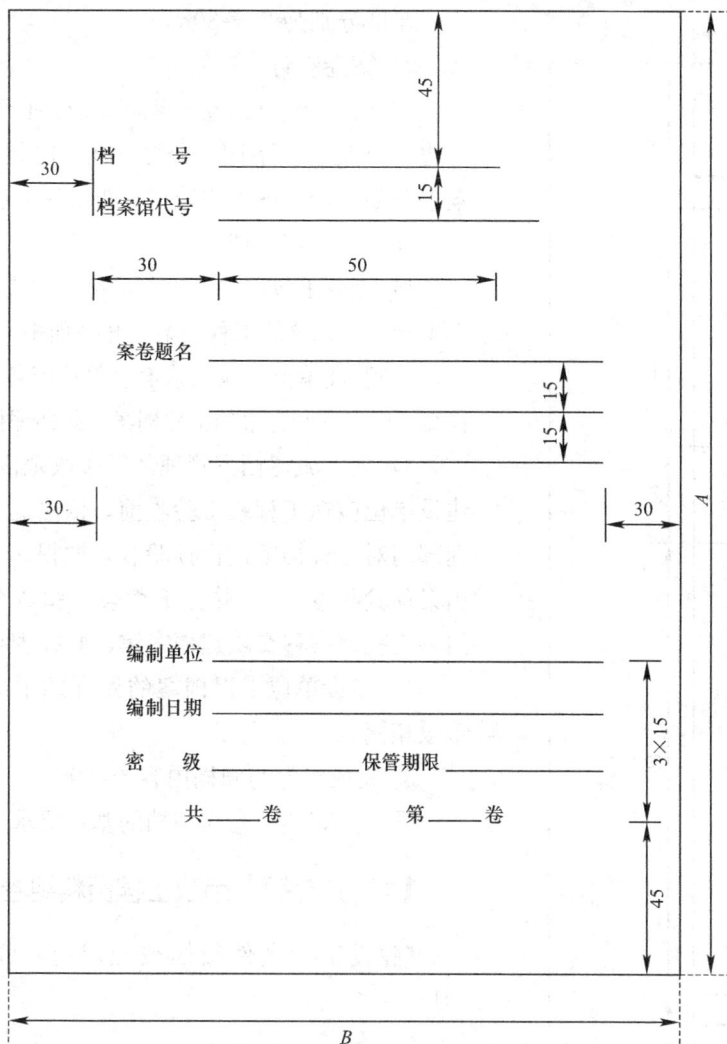

图 5-5　案卷封面示意图（mm）

编制单位：填写卷内文件材料的形成单位或主要责任者（必须填写单位全称）。

编制日期：填写卷内文件材料形成的起止日期。

案卷脊背：填写档号、案卷题名，其尺寸要求与式样如图 5-6 所示。

其中 $D=20$、30、40、50mm。

（4）案卷的规格、厚度及装订

1）案卷的规格、厚度

归档的文字材料规格采用 A4 幅面（297mm×210mm），尺寸不同的要折叠或裱补成统一幅面。文字材料组卷厚度不得超过 30mm，图纸组卷厚度不得超过 40mm。

卷内目录、卷内备考表、案卷内封面应采用 70g 以上白色书写纸制作，幅面统一采用 A4 幅面。

案卷装具一般采用卷盒、卷夹两种形式，应采用无酸纸制作。卷盒的外表尺寸为 310mm×220mm，厚度分别为 20、30、40、50mm；卷夹的外表尺寸为 310mm×220mm，

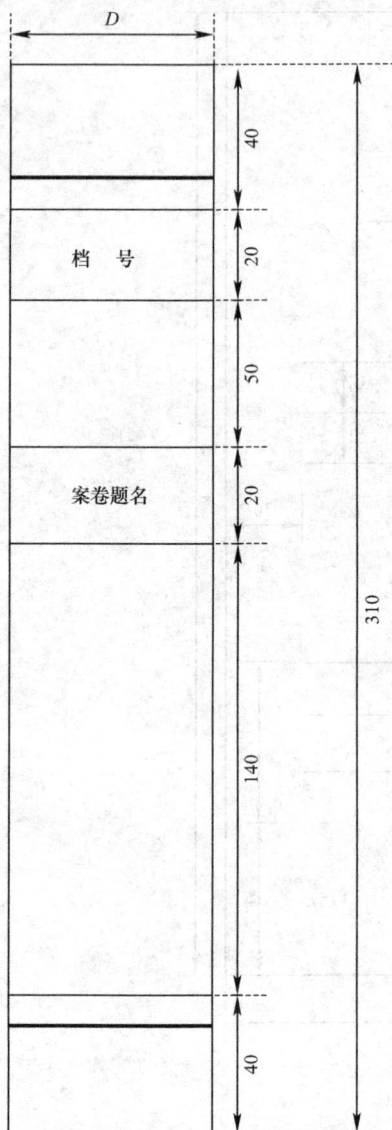

图 5-6 案卷背脊示意图（mm）

厚度分别为 20～30mm。

2）案卷装订

文字材料装订组卷。装订要求用白色棉线在卷面左边 1cm 处，上下四等分打三孔竖向装订，接头位于案卷背面；竣工图不用装订，折叠装入档案袋。

（5）移交与归档

1）专业承包单位应向总承包单位或建设单位移交不少于一套完整的工程档案，并办理相关移交手续。

2）监理单位、施工总承包单位应各自向建设单位移交不少于一套完整的工程档案，并办理相关移交手续。

3）列入城建档案管理部门接收范围的工程档案，建设单位应在工程竣工验收前，依法提请城建档案管理部门对工程档案进行预验收，取得《建设工程竣工档案预验收意见》，并在工程竣工验收合格后 6 个月内将工程档案移交城建档案馆，并办理相关手续。

4）建设单位工程档案的保存期限应与工程使用年限相同。

3. 完成组卷与归档内容的理解

学生能表述组卷与归档的基本要求。

【学习支持】 市政工程资料组卷与归档依据

《建设工程文件归档整理规范》GB/T 50328—2014

【提醒】 教与学注意点

组卷与归档资料的整理是一个长期过程，应注重其过程控制。

【实践活动】 工作任务布置

学生收集查找组卷与归档常用表格。

【任务评价】

1. 自评（20%）：

知识内容的理解 很好□ 较好□ 一般□ 还需努力□

2. 小组互评（40%）：

表述内容的准确性 优□ 良□ 中□ 差□

3. 教师评价（40%）：

知识内容掌握的程度 优□ 良□ 中□ 差□

项目6
施工资料管理编制软件

【项目概述】

为了提高市政工程施工资料管理的效率，减少资料编制的繁琐工作，推广采用施工资料软件编制资料。本项目介绍了施工资料管理编制软件应用。

任务　施工资料管理编制软件应用

【情境描述】　教学活动场景与任务目标说明

以市政工程行业表格软件为依托，学习施工资料管理编制软件应用。

【任务实施】　学习施工资料管理编制软件应用

1. 进入"市政工程行业表格软件"后，软件会自动载入所有工程表格的目录（图6-1），软件的工具栏包括：查找模板、打开文件、保存文件、撤销、重填、分页设置、打印、关闭等。其中"撤销"功能是让操作退回到上一步的编辑完成后的状态，"重填"是将整个表格已经填好的部分全部清空，恢复未操作前的状态，"分页设置"是对文件所使用的纸张进行设定，为打印表格作前期准备。

2. 双击打开任意文件目录，可见到目录中相应的表格文件，双击相应的表格文件名可打开表格，如图6-2所示。

3. 打开表格后，双击表格相应项目的空白处进行表格编辑（图6-3）。

填写完成后，单击表格其他位置退出表格编辑状态。

表格顶部的工具栏可用于表格填写时加大或缩小表格文字，修改文字颜色等。

4. 所有表格编辑完成后都可以进行存档，方便以后查阅或再次调出使用，以后再打开时只单击软件中的"打开文件"按钮，按存档路径找回存档的文件名即可，如图6-4所示。保存表格的文件格式为".xxs"。

图 6-1

图 6-2

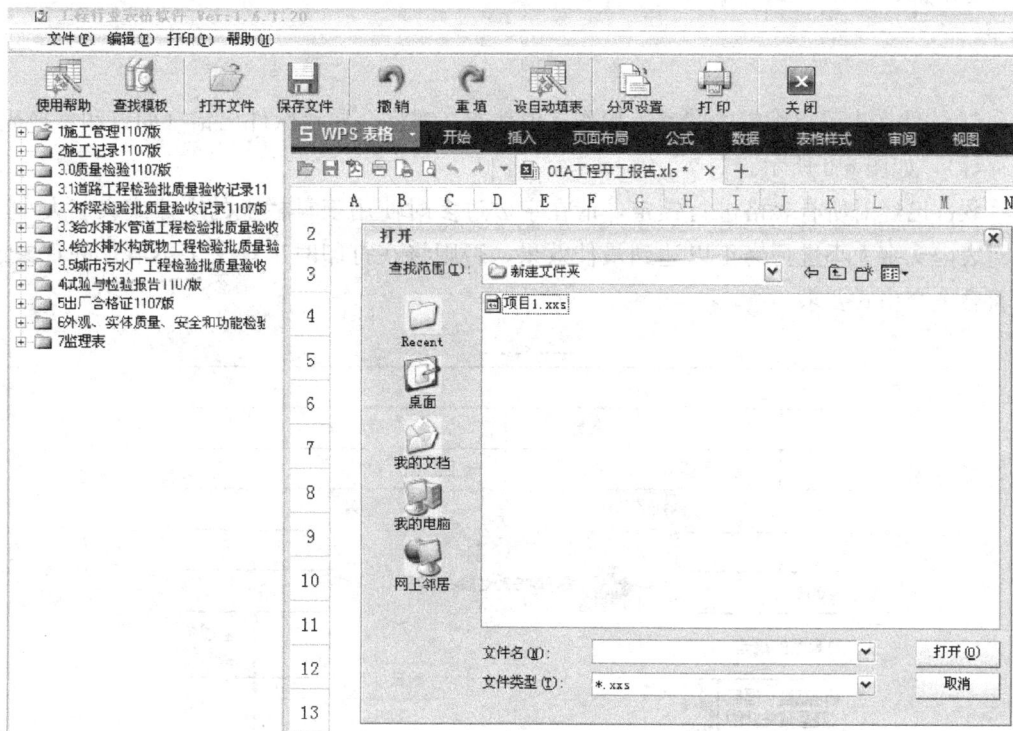

图 6-3

图 6-4

5. 表格填写完成后，对表格进行保存并以纸张形式进行存档，只要将你要打印的表格打开，并确定表格处于非编辑状态下，单击工具栏上的"打印"按钮，软件将会调出打印选项界面，如图 6-5 所示。如无需修改打印设置，直接点击确定即可打印。

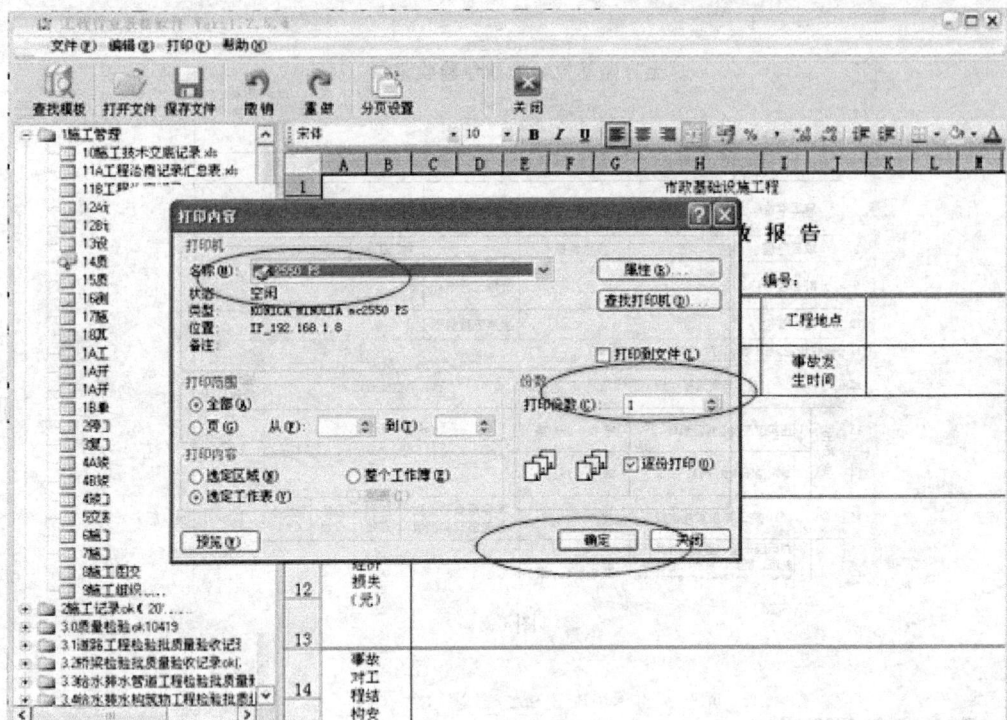

图 6-5

6. 软件在未退出编辑的状态下操作其他功能，都将会导致软件出错（如打印、换表、保存等），如图 6-6 所示。

软件已经对所有表格进行锁定，请在字数过多时使用工具栏上的字体或文字大小工具对表内文字大小进行修正以达到最佳效果，否则将在打印时出现文字不清楚的现象或不符合上交格式要求。

图 6-6

【学习支持】　施工资料管理编制软件平台

在现行的电脑系统中安装"市政工程行业表格软件"，在软件平台上学习资料编制。

【提醒】　教与学注意点

学生在操作过程中需按步骤进行。

【实践活动】　工作任务布置

依据本书中道路工程施工资料、排水工程施工资料、城市桥梁工程施工资料编制内容，利用"市政工程行业表格软件"完成相关资料编制。

【任务评价】

1. 自评（20%）：软件功能使用　　　　　很好□　较好□　一般□　还需努力□

　　　　　　　　　表格完成情况　　　　　很好□　较好□　一般□　还需努力□

2. 小组互评（40%）：

表格完成情况　优□　良□　中□　差□

3. 教师评价（40%）：

表格完成情况　优□　良□　中□　差□

附　表

土方路基检验批质量验收记录 附表 1

工程名称						
单位工程名称						
施工单位			分包单位			
项目经理		技术负责人		施工工长		
分部工程名称			分项工程名称			
验收部位			主要工程数量			
验收规范及图号	《城镇道路工程施工与质量验收规范》CJJ 1—2008					

		施工与质量验收规范的规定		施工单位检查记录				监理单位验收记录
主控项目	1	压实度应符合规范规定	第 6.8.1-1 条					
	2	弯沉值不应大于设计规定	第 6.8.1-2 条					

		施工与质量验收规范的规定		不合格点的实测偏差值或实测值	应测点数	合格点数	合格率（％）
一般项目	1		路床应平整、坚实，无显著轮迹、翻浆、波浪、起皮等现象，路堤边坡应密实、稳定、平顺。	第 6.8.1-4 条				
	2	允许偏差	路床纵断高程（mm）	−20，+10				
	3		路床中线偏位（mm）	≤30				
	4		路床平整度（mm）	≤15				
	5		路床宽度（mm）	不小于设计值＋B				
	6		路床横坡	±0.3％且不反坡				
	7		边坡（mm）	不陡于设计值				
		平均合格率（％）						

施工单位检查意见	质检员签名： 年　月　日	监理单位验收结论	监理工程师签名： 年　月　日

注：B 为施工时必要的附加宽度。

路肩检验批质量验收记录

工程名称					
单位工程名称					
施工单位			分包单位		
项目经理		技术负责人		施工工长	
分部工程名称			分项工程名称		
验收部位			主要工程数量		
验收规范及图号		《城镇道路工程施工与质量验收规范》CJJ 1—2008			

施工与质量验收规范的规定				不合格点的实测偏差值或实测值	应测点数	合格点数	合格率（％）	监理单位验收记录
一般项目	1	肩线应顺畅、表面平整，不积水、不阻水。	第6.8.3-1条					
	2	路肩压实度应大于或等于90％。	第6.8.3-2条					
	3	允许偏差	宽度（mm）	不小于设计规定				
	4		横坡	±1％且不反坡				
	平均合格率（％）							

施工单位检查意见		监理单位验收结论	
	质检员签名： 年 月 日		监理工程师签名： 年 月 日

深层搅拌桩施工记录

工程名称		承包单位	
单位工程名称		分包单位	

里程（区号）	设计桩长（m）	设计水灰比	设计水泥掺入量（kg/m）	机具型号	机号

设计（试桩成果）参数	设计桩底标高（m）	设计桩顶标高（m）	提升速度（cm/min）	钻进速度（cm/min）	喷浆搅拌速度（cm/min）	喷气压力（MPa）	浆喷入量（kg/min）

桩号	地面标高（m）	钻孔长度（m）	桩底标高（m）	喷浆长度（m）	桩顶标高（m）	钻孔用时（min）	工作时间			累计喷浆量（kg）	累计水泥用量（kg）	累计水泥掺量（kg/m）	实际水灰比	桩位偏差（cm）	备注
							喷浆搅拌用时（min）	重复搅拌用时（min）	合计（min）						

项目技术负责人：　　　　质检员：　　　　施工员：　　　　监理工程师：　　　　设计负责人：　　　　勘察负责人：　　　　建设负责人：

年　月　日

深层搅拌桩处理软土地基检验批质量验收记录

工程名称				
单位工程名称				
施工单位		分包单位		
项目经理		技术负责人		施工工长
分部工程名称		分项工程名称		
验收部位		主要工程数量		
验收规范及图号	《城镇道路工程施工与质量验收规范》CJJ 1—2008			

		施工与质量验收规范的规定		施工单位检查记录	监理单位验收记录
主控项目	1	水泥的品种、级别及石灰、粉煤灰的性能指标应符合设计要求。	第 6.8.4-9-1 条		
	2	桩长不小于设计规定。	第 6.8.4-9-2 条		
	3	复合地基承载力应不小于设计规定值。	第 6.8.4-9-3 条		

		施工与质量验收规范的规定		不合格点的实测偏差值或实测值	应测点数	合格点数	合格率（%）	
一般项目	1	允许偏差	强度（kPa）	不少于设计值				
	2		桩距（mm）	±100				
	3		桩径（mm）	不小于设计值				
	4		竖直度	≤1.5%H				
		平均合格率（%）						

施工单位检查意见	质检员签名： 　　年　月　日	监理单位验收结论	监理工程师签名： 　　年　月　日

注：H 为桩长或孔深。

沉降观测记录　　　　　　　　　　附表 5

第 页，共 页

工程名称			承包单位					仪器型号		
单位工程名称			分包单位				观测范围	标定编号		
观测点号或桩号	年 月 日			年 月 日			年 月 日			年 月 日		年 月 日		

观测点号或桩号	观测值	本期沉降	累计沉降	观测值	本期沉降	累计沉降	观测值	本期沉降	累计沉降	观测值	本期沉降	累计沉降	观测值	本期沉降	累计沉降

测量		计算		复核		项目技术负责人		测量日期	

水泥稳定石屑基层检验批质量验收记录

第 页，共 页

工程名称				
单位工程名称				
施工单位		分包单位		
项目经理		技术负责人		施工工长
分部工程名称		分项工程名称		
验收部位		主要工程数量		
验收规范及图号	《城镇道路工程施工与质量验收规范》CJJ 1—2008			

		施工与质量验收规范的规定		施工单位检查记录	监理单位验收记录
主控项目	1	水泥、土类材料、粒料、水应符合规范的规定。	第 7.8.2-1 条		
	2	基层及底基层的压实度大于等于规范的规定。	第 7.8.2-2 条		
	3	基层及底基层 7d 无侧限抗压强度，应符合设计要求。	第 7.8.2-3 条		

		施工与质量验收规范的规定		不合格点的实测偏差值或实测值	应测点数	合格点数	合格率（%）
一般项目	1	表面应平整、坚实、接缝平顺，无明显粗、细骨料集中现象，无推移、裂缝、贴皮、松散、浮料。	第 7.8.2-4 条				
	2	允许偏差	中线偏位（mm）	≤20			
	3		纵断高程（mm）	基层	±15		
				底基层	±20		
	4		平整度（mm）	基层	≤10		
				底基层	≤15		
	5		宽度（mm）	不少于设计规定＋B			
	6		横坡	±0.3%且不反坡			
	7		厚度（mm）	±10			
		平均合格率（%）					

施工单位检查意见	质检员签名： 年 月 日	监理单位验收结论	监理工程师签名： 年 月 日

注：B 为施工时必要的附加宽度。

热拌沥青混合料检验批质量验收记录

第 页，共 页

工程名称				
单位工程名称				
施工单位		分包单位		
项目经理		技术负责人	施工工长	
分部工程名称		分项工程名称		
验收部位		主要工程数量		
验收规范及图号	《城镇道路工程施工与质量验收规范》CJJ 1—2008			

		施工与质量验收规范的规定	施工单位检查记录	监理单位验收记录
主控项目	1	道路用沥青的品种、标号应符合国家现行有关标准和本规范第8.1节的规定。	第8.5.1-1-1条	
	2	沥青混合料所用的粗集料、细集料、矿粉、纤维稳定剂等的质量及规定应符合本规范第8.1节的有关规定。	第8.5.1-1-2条	
	3	热拌沥青混合料、热拌改性沥青混合料、SMA混合料，检查出厂合格证、检验报告并进行复验，拌合温度、出厂温度应符合本规范第8.2.5条的有关规定。	第8.5.1-1-3条	
	4	沥青混合料品质应符合马歇尔试验配合比技术要求。	第8.5.1-1-4条	

施工单位检查意见		监理单位验收结论	
	质检员签名： 年 月 日		监理工程师签名： 年 月 日

沥青混合料摊铺记录

第 页，共 页

工程名称			承包单位		
单位工程名称			分包单位		
起讫里程桩号			摊铺时间	日 时 分至 时 分	
结构层名称			混合料品种规格		
混合料供应单位			配合比设计报告编号		
摊铺机型号及编号			操作员		
混合料出厂温度				摊铺温度		
天气情况		气温（℃）	碾压温度	开始： 终止：	

摊铺数量		长度（m）	宽度（m）	厚度（cm）	折合混合料数量（m³）
	设计				
	实际				

碾压机具型号及重量		碾压遍数及碾压后质量	

摊铺质量	

备注	

取样人签名		见证人签名	

项目技术负责人： 质检员： 施工员： 年 月 日

市政工程资料管理

热拌沥青混合料面层检验批质量验收记录 附表9

第 页，共 页

工程名称				
单位工程名称				
施工单位		分包单位		
项目经理		技术负责人	施工工长	
分部工程名称		分项工程名称		
验收部位		主要工程数量		
验收规范及图号	《城镇道路工程施工与质量验收规范》CJJ 1—2008			

		施工与质量验收规范的规定		施工单位检查记录				监理单位验收记录
主控项目	1	沥青混合料面层压实度，对城市快速路、主干路不应小于96%；对次干路及以下道路不应小于95%。	第8.5.1-2-1条					
	2	面层厚度应符合设计规定，允许偏差为+10～-5mm。	第8.5.1-2-2条					
	3	弯沉值不应小于设计规定。	第8.5.1-2-3条					

		施工与质量验收规范的规定		不合格点的实测偏差值或实测值	应测点数	合格点数	合格率（%）	
一般项目	1	表面应平整、坚实、接缝紧密，无枯焦；不应有明显轮迹、推挤、裂缝、脱落、烂边、油斑、掉渣等现象，不得污染其他构筑物。面层与路缘石、平石及其他构筑物应接顺，不得有积水现象。	第8.5.1-3-4条					
	2	纵断高程（mm）	±15					
	3	中线偏位（mm）	≤20					
	4	平整度（mm） 标准差σ值 快速路、主干路	≤1.5					
		标准差σ值 次干路、支路	≤2.4					
		最大间隙 次干路、支路	≤5					
	5	允许偏差 宽度（mm）	不小于设计值					
	6	横坡	±0.3%且不反坡					
	7	井框与路面高差（mm）	≤5					
	8	抗滑 摩擦系数	符合设计要求					
		构造深度	符合设计要求					
		平均合格率（%）						

施工单位检查意见	质检员签名： 年 月 日	监理单位验收结论	监理工程师签名： 年 月 日

102

沥青混合料面层透层检验批质量验收记录 附表 10

第 页，共 页

工程名称			
单位工程名称			
施工单位		分包单位	
项目经理	技术负责人	施工工长	
分部工程名称		分项工程名称	
验收部位		主要工程数量	
验收规范及图号	《城镇道路工程施工与质量验收规范》CJJ 1—2008		

		施工与质量验收规范的规定		施工单位检查记录	监理单位验收记录
主控项目	1	透层所采用沥青的品种、标号和封层粒料质量、规格应符合本规范规定。	第 8.5.3-1 条		
一般项目	1	透层的宽度不应小于设计规定值。	第 8.5.3-2 条		
施工单位检查意见		质检员签名：　　年 月 日	监理单位验收结论		监理工程师签名：　　年 月 日

沥青混合料面层粘层检验批质量验收记录 附表 11

第 页，共 页

工程名称			
单位工程名称			
施工单位		分包单位	
项目经理	技术负责人	施工工长	
分部工程名称		分项工程名称	
验收部位		主要工程数量	
验收规范及图号	《城镇道路工程施工与质量验收规范》CJJ 1—2008		

		施工与质量验收规范的规定		施工单位检查记录	监理单位验收记录
主控项目	1	粘层所采用沥青的品种、标号和封层粒料质量规格应符合本规范规定。	第 8.5.3-1 条		
一般项目	1	粘层的宽度不应小于设计规定值。	第 8.5.3-2 条		
施工单位检查意见		质检员签名：　　年 月 日	监理单位验收结论		监理工程师签名：　　年 月 日

沥青混合料面层封层检验批质量验收记录　　　　　　　附表 12

第　页，共　页

工程名称				
单位工程名称				
施工单位		分包单位		
项目经理		技术负责人	施工工长	
分部工程名称		分项工程名称		
验收部位		主要工程数量		
验收规范及图号	《城镇道路工程施工与质量验收规范》CJJ 1—2008			

		施工与质量验收规范的规定		施工单位检查记录	监理单位验收记录
主控项目	1	封层所采用沥青的品种、标号和封层粒料质量、规格应符合本规范规定。	第8.5.3-1条		
一般项目	1	封层的宽度不应小于设计规定。	第8.5.3-2条		
	2	封层油层与粒料洒布应均匀，不应有松散、裂缝、油丁、泛油、波浪、花白、漏洒、堆积、污染其他构筑物等现象。	第8.5.3-3条		

施工单位检查意见		监理单位验收结论	
	质检员签名： 年 月 日		监理工程师签名： 年 月 日

预制块铺砌人行道面层检验批质量验收记录 附表 13

第 页，共 页

工程名称				
单位工程名称				
施工单位		分包单位		
项目经理	技术负责人		施工工长	
分部工程名称		分项工程名称		
验收部位		主要工程数量		
验收规范及图号	《城镇道路工程施工与质量验收规范》CJJ 1—2008			

		施工与质量验收规范的规定		施工单位检查记录				监理单位验收记录
主控项目	1	路床与基层压实度应大于等于90％。	第13.4.2-1条					
	2	混凝土预制砌块（含盲道砌块）强度应符合设计规定。	第13.4.2-2条					
	3	砂浆平均抗压强度等级应符合设计规定，任一组试件抗压强度最低值不得低于设计强度的85％。	第13.4.2-3条					
	4	盲道铺砌应正确。	第13.4.2-4条					

		施工与质量验收规范的规定		不合格点的实测偏差值或实测值	应测点数	合格点数	合格率（％）
一般项目	1	铺砌应稳固、无翘动，表面平整、缝线直顺、缝宽均匀、灌缝饱满，无翘边、翘角、反坡、积水现象。	第13.4.2-5条				
	2	平整度（mm）	≤5				
	3	横坡（％）	±0.3％且不反坡				
	4	允许偏差 井框与面层高差（mm）	≤4				
	5	相邻块高差（mm）	≤3				
	6	纵缝直顺（mm）	≤10				
	7	横缝直顺（mm）	≤10				
	8	缝宽（mm）	+3，−2				
		平均合格率（％）					

施工单位检查意见		监理单位验收结论	
	质检员签名： 年 月 日		监理工程师签名： 年 月 日

路缘石安砌检验批质量验收记录　　　　　　附表 14

第　页，共　页

工程名称				
单位工程名称				
施工单位		分包单位		
项目经理	技术负责人		施工工长	
分部工程名称		分项工程名称		
验收部位		主要工程数量		
验收规范及图号	《城镇道路工程施工与质量验收规范》CJJ 1—2008			

		施工与质量验收规范的规定		施工单位检查记录				监理单位验收记录
主控项目	1	混凝土路缘石强度应符合设计要求。	第 16.11.1 条					

		施工与质量验收规范的规定		不合格点的实测偏差值或实测值	应测点数	合格点数	合格率（%）	
一般项目	1	路缘石应砌筑稳固，砂浆饱满，勾缝密实，外露面清洁，线条顺畅，平缘石不阻水。	第 16.11.2 条					
	2	允许偏差 直顺度（mm）	≤10					
	3	相邻块高差（mm）	≤3					
	4	缝高（mm）	±3					
	5	顶面高程（mm）	±10					
		平均合格率（%）						

施工单位检查意见	质检员签名： 年 月 日	监理单位验收结论	监理工程师签名： 年 月 日

雨水管与雨水口检验批质量验收记录

第 页，共 页

工程名称				
单位工程名称				
施工单位		分包单位		
项目经理	技术负责人		施工工长	
分部工程名称		分项工程名称		
验收部位		主要工程数量		
验收规范及图号	《城镇道路工程施工与质量验收规范》CJJ 1—2008			

		施工与质量验收规范的规定		施工单位检查记录	监理单位验收记录
主控项目	1	管材应符合国家标准《混凝土和钢筋混凝土排水管》GB/T 11836 的规定。	第 16.11.2-1 条		
	2	基础混凝土强度应符合设计要求。	第 16.11.2-2 条		
	3	砌筑砂浆强度应符合规范的规定。	第 16.11.2-3 条		
	4	回填土压实度应符合规范的规定。	第 16.11.2-4 条		

		施工与质量验收规范的规定		不合格点的实测偏差值或实测值	应测点数	合格点数	合格率（%）
一般项目	1	雨水口内壁勾缝直顺、坚实，无漏勾、脱落。井框、井箅应完整、配套，安装平稳、牢固。	第 16.11.2-5 条				
	2	雨水支管安装应直顺，无错口、反坡、存水，管内清洁，接口处内壁无砂浆外露及破损现象。管端面应完整。	第 16.11.2-6 条				
	3	井框与井壁吻合（mm）	≤10				
	4	允许偏差 井框与周边路面吻合（mm）	0，−10				
	5	雨水口与路边线间距（mm）	≤20				
	6	井内尺寸（mm）	+20，0				
	平均合格率（%）						

施工单位检查意见	质检员签名： 年 月 日	监理单位验收结论	监理工程师签名： 年 月 日

排水沟或截水沟检验批质量验收记录   附表 16

第 页，共 页

工程名称				
单位工程名称				
施工单位		分包单位		
项目经理		技术负责人	施工工长	
分部工程名称		分项工程名称		
验收部位		主要工程数量		
验收规范及图号	《城镇道路工程施工与质量验收规范》CJJ 1—2008			

		施工与质量验收规范的规定		施工单位检查记录				监理单位验收记录
主控项目	1	预制砌块强度应符合设计要求。	第 16.11.3-1 条					
	2	预制盖板钢筋品种、规格、数量，混凝土的强度应符合设计要求。	第 16.11.3-2 条					
	3	砂浆强度应符合本规范的规定。	第 16.11.3-3 条					

		施工与质量验收规范的规定		不合格点的实测偏差值或实测值	应测点数	合格点数	合格率（%）
一般项目	1	砌筑砂浆饱满度不得小于80%。	第 16.11.3-4 条				
	2	砌筑水沟沟底应平整、无反坡、凹兜，边墙应平整、直顺、勾缝密实。与排水构筑物衔接顺畅。	第 16.11.3-5 条				
	3	土沟断面应符合设计要求，沟底、边坡应坚实，无贴皮、反坡和积水现象。	第 16.11.3-7 条				
	4	允许偏差	轴线偏位		≤30			
	5		沟断面尺寸（mm）	砌石	±20			
				砌块	±10			
	6		沟底高程（mm）	砌石	±20			
				砌块	±10			
	7		墙面垂直度（mm）	砌石	≤30			
				砌块	≤15			
	8		墙面平整度（mm）	砌石	≤30			
				砌块	≤10			
	9		边线直顺度（mm）	砌石	≤20			
				砌块	≤10			
	10		盖板压墙长度（mm）		±20			
		平均合格率（%）						

施工单位检查意见	质检员签名： 年 月 日	监理单位验收结论	监理工程师签名： 年 月 日

道路工程外观质量检查记录

序号	项目		抽查质量状况	质量评价		
				好	一般	差
1	基层					
2	车行道面层					
3	广场、停车场面层					
4	人行道					
5	人行地道结构					
6	挡土墙					
7	附属构筑物	路缘石				
8		雨水支管、雨水口				
9		排水沟、截水沟				
10		涵洞				
11		护坡				
12		隔离墩				
13		隔离栅				
14		护栏				
15		声屏障				
16		防眩板				

工程名称

施工单位

外观质量综合评价

检查结论

质检员：

项目技术负责人：

项目经理： （公章）

监理工程师：

总监理工程师： （公章）

年 月 日

年 月 日

注：质量评为差的项目，应进行返修。

道路工程实体质量检查记录　　　　　　　　　附表 18

第　页，共　页

工程名称							
单位工程名称							
施工单位			分包单位				
验收规范及图号			《城镇道路工程施工与质量验收规范》CJJ 1—2008				

施工与质量验收规范的规定			检查频率	检查情况			
				不合格点的实测偏差值或实测值	应测点数	合格点数	合格率（%）
主控项目	热拌沥青混合料面层厚度符合设计规定，允许偏差＋10，－5mm。		第 8.5.1-2 条	现场钻芯，每工程不小于 3 个样。			
	冷拌沥青混合料面层厚度符合设计规定，允许偏差＋15，－5mm。		第 8.5.1-3 条				
	沥青贯入式混合料面层厚度符合设计规定，允许偏差＋10，－5mm。		第 9.5.1-4 条				
	混凝土路面面层厚度符合设计规定，允许偏差±5mm。		第 10.8.1-2 条				
一般项目	车行道	纵断高程	第 8.5.1-4、8.5.2-4、9.4.1-6、10.8.1-2 条	工程长度的 1/10，且不小于 200m。			
		中线偏位					
		平整度 标准差σ值					
		平整度 最大间隙					
		宽度					
		横坡					
		井框与路面高差					
		摩擦系数					
		构造深度					
		相邻板块高差					
		纵缝直顺					
		横缝直顺					
	人行道	纵断高程	第 11.3.1-4、11.3.2-4 条				
		中线偏位					
		平整度					
		横坡					
		宽度					
		井框与面层高差					
		相邻块高差					
		纵横缝直顺					
		缝宽					
	平均合格率（%）						
检查结论							

质检员：	监理工程师：
项目技术负责人：	
项目经理：　　　　　（公章）	总监理工程师：　　　　　　（公章）
年　月　日	年　月　日

单位（子单位）工程质量控制资料核查记录　　　　　　　　附表 19

工程名称			
施工单位			
序号	资料名称	核查意见	核查人
1	施工组织设计、施工方案及审批记录		
2	技术及安全交底文件		
3	图纸会审、设计变更、洽商记录		
4	工程定位测量、交桩、放线、复核记录		
5	计量设备校核记录		
6	原材料出厂合格证书及进场检（试）验报告		
7	成品、半成品出厂合格证书及试验报告		
8	施工试验报告及见证检测报告		
9	施工记录		
10	新材料、新工艺施工记录		
11	检验批质量检验记录及隐蔽工程检查表		
12	分项、分部工程质量验收记录		
13	工程质量事故及事故调查处理资料		
检查结论			

质检员： 项目技术负责人： 项目经理：　　　　（公章） 　　　　　　　　　　年　月　日	监理工程师： 总监理工程师：　　　　（公章） 　　　　　　　　　　年　月　日

道路工程安全和功能检验资料核查及主要功能抽查记录　　**附表 20**

第　页，共　页

工程名称			
施工单位			
序号	安全和功能检查项目	核查（抽查）意见	核查（抽查）人
1	地基土承载力试验记录		
2	桩基无损检测记录		
3	桩基钻芯取样检测记录		
4	混凝土路面抽芯芯样厚度及强度试验报告		
5	同条件养护试件试验记录		
6	沥青路面抽芯厚度及压实度、稳定度试验报告		
7	道路各层弯沉试验记录		
8	道路工程竣工测量资料		
检查结论			

质检员：

项目技术负责人：

项目经理：　　　　（公章）

监理工程师：

总监理工程师：　　　　（公章）

年　月　日　　　　　　　　　　　年　月　日

单位（子单位）工程质量竣工验收记录

工程名称				
单位工程名称				
施工单位		分包单位		
结构类型		工程造价		
开工日期		竣工日期		
项目经理		技术负责人		

序号	项目	验收记录	验收结论
1	分部工程	共　　分部，经查　　分部，符合标准及设计要求　　分部。	
2	质量控制资料核查	共　　项，经审查符合要求　　项，经核定符合规范要求　　项。	
3	安全和主要使用功能核查及抽查结果	共核查　　项，符合要求　　项，共抽查　　项，符合要求　　项，经返工处理符合要求　　项。	
4	外观质量检验	共抽查　　项，符合要求　　项，不符合要求　　项。	
5	综合验收结论		

参加验收单位	建设单位	监理单位	施工单位
	（公章） 单位（项目）负责人： 年 月 日	（公章） 总监理工程师： 年 月 日	（公章） 项目经理： 年 月 日
	设计单位	勘察单位	
	（公章） 单位（项目）负责人： 年 月 日	（公章） 单位（项目）负责人： 年 月 日	

市政基础设施工程

建设工程竣工验收报告

工程名称：_____

建设单位（公章）：_____

竣工日期：_____

发出日期：_____

工程名称		工程地点	
工程规模 （建筑面积、道路桥梁长度等）		工程造价（万元）	
结构类型		开工日期	
施工许可证号		监督登记号	
监督单位		总承包单位	
建设单位		施工单位（土建）	
勘察单位		施工单位（设备安装）	
设计单位		监理单位	
工程检测单位		工程检测单位	
工程检测单位		其他主要参建单位	
专项验收情况			
专项验收名称	证明文件发出日期	文件编号	对验收的意见
单位（子单位） 工程质量验收记录			
规划验收合格证			
环保验收认可文件			
消防验收意见书			
燃气验收合格证			
电梯准用证			
工程竣工档案认可书			

续表

工程完成情况	
工程质量情况	
工程未达到使用功能的部位（范围）	
对设计、勘察、施工、监理单位的评价	
建设单位意见	工程竣工验收结论： 工程项目负责人：（打印）＿＿＿＿＿＿ 签名：＿＿＿＿＿＿ 建设单位法定代表人：（打印）＿＿＿＿＿＿ 签名：＿＿＿＿＿＿ 　　　　　　　　　　　　　　　年　月　日　（公章）

沟槽开挖与地基处理检验批质量验收记录

工程名称				
单位工程名称				
施工单位		分包单位		
项目经理		技术负责人		施工工长
分部工程名称		分项工程名称		
验收部位		主要工程数量		
验收规范及图号	《给水排水管道工程施工及验收规范》GB 50268—2008			

		施工与质量验收规范的规定		施工单位检查记录	监理单位验收记录
主控项目	1	原状地基土不得扰动、受水浸泡或受冻。	第4.6.1-1条		
	2	地基承载力应满足设计要求。	第4.6.1-2条		
	3	进行地基处理时，压实度、厚度满足设计要求。	第4.6.1-3条		

		施工与质量验收规范的规定		不合格点的实测偏差值或实测值	应测点数	合格点数	合格率（%）
一般项目	1	允许偏差	槽底高程（mm）	土方	±20			
				石方	+20，－200			
	2		槽底中线每侧宽度（mm）	不小于规定				
	3		沟槽边坡	不陡于规定				
		平均合格率（%）						

施工单位检查意见		监理单位验收结论	
	质检员： 年 月 日		监理工程师： 年 月 日

沟槽支护检验批质量验收记录 附表 24

工程名称					
单位工程名称					
施工单位		分包单位			
项目经理		技术负责人		施工工长	
分部工程名称		分项工程名称			
验收部位		主要工程数量			
验收规范及图号	《给水排水管道工程施工及验收规范》GB 50268—2008				

		施工与质量验收规范的规定		施工单位检查记录	监理单位验收记录
主控项目	1	支撑方式、支撑材料符合设计要求。	第4.6.2-1条		
	2	支护结构强度、刚度、稳定性符合设计要求。	第4.6.2-2条		
一般项目	1	横撑不得妨碍下管和稳管。	第4.6.2-3条		
	2	支撑构件安装应牢固、安全可靠,位置正确。	第4.6.2-4条		
	3	支撑后,沟槽中心线每侧的净宽不应小于施工方案设计要求。	第4.6.2-5条		
	4	钢板桩的轴线位移不得大于50mm;垂直度不得大于1.5%。	第4.6.2-6条		

施工单位检查意见		监理单位验收结论	
	质检员:
年 月 日		监理工程师:
年 月 日

回填施工记录表　　　　　　　

工程名称						
单位工程名称						
施工单位						
施工日期	开始			结束		
结构物砂浆或混凝土强度			回填面清理情况			
回填范围			回填材料	设计		
摊铺方式				实际		
压实方式			选用机械			
回填层次	压实前含水量		松铺厚度（m）		压实后外观检查	
回填后结构物有无位移、裂缝等破坏情况						
备注						

施工员		施工主管		质检员		技术负责人	

沟槽回填检验批质量验收记录

工程名称				
单位工程名称				
施工单位		分包单位		
项目经理		技术负责人	施工工长	
分部工程名称		分项工程名称		
验收部位		主要工程数量		
验收规范及图号	《给水排水管道工程施工及验收规范》GB 50268—2008			

		施工与质量验收规范的规定		施工单位检查记录	监理单位验收记录
主控项目	1	回填材料符合设计要求。	第4.6.3-1条		
	2	沟槽不得带水回填，回填应密实。	第4.6.3-2条		
	3	柔性管道的变形率不得超过设计要求或规范第4.5.12条的规定，管壁不得出现纵向隆起、环向扁平和其他变形情况。	第4.6.3-3条		
	4	回填土压实度应符合设计要求，设计无要求时，应符合表4.6.3-1、表4.6.3-2的规定。柔性管道沟槽回填部位与压实度见图4.6.3。	第4.6.3-4条		
一般项目	1	回填应达到设计高程，表面应平整。	第4.6.3-5条		
	2	回填时管道及附属构筑物无损伤、沉降、位移。	第4.6.3-6条		
施工单位检查意见			监理单位验收结论		
		质检员： 年 月 日		监理工程师： 年 月 日	

管道基础检验批质量验收记录

工程名称							
单位工程名称							
施工单位			分包单位				
项目经理		技术负责人		施工工长			
分部工程名称			分项工程名称				
验收部位			主要工程数量				
验收规范及图号	《给水排水管道工程施工及验收规范》GB 50268—2008						

		施工与质量验收规范的规定		施工单位检查记录			监理单位验收记录
主控项目	1	原状地基的承载力符合设计要求。	第5.10.1-1条				
	2	混凝土基础的强度符合设计要求。	第5.10.1-2条				
	3	砂石基础的压实度符合设计要求或规范的规定。	第5.10.1-3条				

		施工与质量验收规范的规定		不合格点的实测偏差值或实测值	应测点数	合格点数	合格率（%）
一般项目	1	原状地基、砂石基础与管道外壁间接触均匀，无空隙。	第5.10.1-4条				
	2	混凝土基础外光内实，无严重缺陷；混凝土基础的钢筋数量、位置正确。	第5.10.1-5条				
	3	允许偏差 垫层(mm) 中线每侧宽度（mm）	不小于设计要求				
	4	高程(mm) 压力管道	±30				
		无压管道	0，−15				
	5	厚度（mm）	不小于设计要求				
	6	混凝土基础、管座 平基(mm) 中线每侧宽度	+10，0				
	7	高程	0，−15				
	8	厚度	不小于设计要求				
	9	管座(mm) 肩宽	+10，−5				
	10	肩高	±20				
	11	土砂及砂砾基础 高程(mm) 压力管道	±30				
		无压管道	0，−15				
	12	平基厚度（mm）	不小于设计要求				
	13	土弧基础腋角高度（mm）	不小于设计要求				
		平均合格率（%）					

施工单位检查意见	质检员： 年 月 日	监理单位验收结论	监理工程师： 年 月 日

钢筋混凝土管接口检验批质量验收记录　　　　附表 28

工程名称					
单位工程名称					
施工单位			分包单位		
项目经理		技术负责人		施工工长	
分部工程名称			分项工程名称		
验收部位			主要工程数量		
验收规范及图号	《给水排水管道工程施工及验收规范》GB 50268—2008				

施工与质量验收规范的规定			施工单位检查记录	监理单位验收记录
主控项目	1	管节及管件、橡胶圈的产品质量应符合规范第5.6.1、第5.6.2、第5.6.5条和第5.7.1条的规定。 第5.10.7-1条		
	2	柔性接口的橡胶圈位置正确，无扭曲、外露现象；承口、插口无破损、开裂；双道橡胶圈的单口水压试验合格。 第5.10.7-2条		
	3	刚性接口的强度符合设计要求，不得有开裂、空鼓、脱落现象。 第5.10.7-3条		
一般项目	1	柔性接口的安装位置正确，其纵向间隙应符合规范第5.6.9、第5.7.2条的相关规定。 第5.10.7-4条		
	2	刚性接口的宽度、厚度符合设计要求；其相邻管接口错口允许偏差：D_i小于700mm时，应在施工中自检；D_i大于700mm，小于或等于1000mm时，应不大于3mm，D_i大于1000mm时，应不大于5mm。 第5.10.7-5条		
	3	管道沿曲线安装时，接口转角应符合规范第5.6.9、第5.7.5条的相关规定。 第5.10.7-6条		
	4	管道接口的填缝应符合设计要求，密实、光洁、平整。 第5.10.7-7条		
施工单位检查意见		质检员：　　　　年 月 日	监理单位验收结论	监理工程师：　　　　年 月 日

化学建材管接口连接检验批质量验收记录

工程名称						
单位工程名称						
施工单位			分包单位			
项目经理		技术负责人		施工工长		
分部工程名称			分项工程名称			
验收部位			主要工程数量			
验收规范及图号	《给水排水管道工程施工及验收规范》GB 50268—2008					

		施工与质量验收规范的规定		施工单位检查记录	监理单位验收记录
主控项目	1	管节及管件、橡胶圈等的产品质量应符合规范第 5.8.1、第 5.9.1 条的规定。	第 5.10.8-1 条		
	2	承插、套筒式连接时，承口、插口部位及套筒连接紧密，无破损、变形、开裂等现象；插入后胶圈应位置正确，无扭曲等现象；双道橡胶圈的单口水压试验合格。	第 5.10.8-2 条		
	3	聚乙烯管、聚丙烯管接口熔焊连接应符合下列规定：1) 焊缝应完整，无缺损和变形现象；焊缝连接应紧密，无气孔、鼓泡和裂缝；电熔连接的电阻丝不裸露；2) 熔焊焊缝焊接力学性能不低于母材；3) 热熔对接连接后应形成凸缘，且凸缘形状大小均匀一致，无气孔、鼓泡和裂缝；接头处有沿管节圆周平滑对称的外翻边，外翻边最低处的深度不低于管节外表面；管壁内翻边应铲平；对接错边量不大于管材壁厚的 10%，且不大于 3mm。	第 5.10.8-3 条		
	4	卡箍连接、法兰连接、钢塑过渡接头连接时，应连接件齐全、位置正确、安装牢固，连接部位无扭曲、变形。	第 5.10.8-4 条		
一般项目	1	承插、套筒式接口的插入深度应符合要求，相邻管口的纵向间隙应不小于 10mm；环向间隙应均匀一致。	第 5.10.8-5 条		
	2	承插式管道沿曲线安装时的接口转角，玻璃钢管的不应大于规范第 5.8.3 条的规定；聚乙烯管、聚丙烯管的接口转角应不大于 1.5°；硬聚氯乙烯管的接口转角应不大于 1.0°。	第 5.10.8-6 条		
	3	熔焊连接设备的控制参数满足焊接工艺要求；设备与待连接管的接触面无污物，设备及组合件组装正确、牢固、吻合；焊后冷却期间接口未受外力影响。	第 5.10.8-7 条		
	4	卡箍连接、法兰连接、钢塑过渡连接件的钢制部分以及钢制螺栓、螺母、垫圈的防腐要求应符合设计要求。	第 5.10.8-8 条		

施工单位检查意见	质检员： 年 月 日	监理单位验收结论	监理工程师： 年 月 日

管道铺设检验批质量验收记录 附表 30

工程名称							
单位工程名称							
施工单位			分包单位				
项目经理		技术负责人			施工工长		
分部工程名称			分项工程名称				
验收部位			主要工程数量				
验收规范及图号	《给水排水管道工程施工及验收规范》GB 50268—2008						

施工与质量验收规范的规定				施工单位检查记录			监理单位验收记录
主控项目	1	管道埋设深度、轴线位置应符合设计要求，无压力管道严禁倒坡。	第5.10.9-1条				
	2	刚性管道无结构贯通裂缝和明显缺损情况。	第5.10.9-2条				
	3	柔性管道的管壁不得出现纵向隆起、环向扁平和其他变形情况。	第5.10.9-3条				
	4	管道铺设安装必须稳固，管道安装后应线形平直。	第5.10.9-4条				

施工与质量验收规范的规定				不合格点的实测偏差值或实测值	应测点数	合格点数	合格率（%）
一般项目	1	管道内应光洁平整，无杂物、油污；管道无明显渗水和水珠现象。	第5.10.9-5条				
	2	管道与井室洞口之间无渗漏水。	第5.10.9-6条				
	3	管道内外防腐层完整，无破损现象。	第5.10.9-7条				
	4	钢管管道开孔应符合本规范第5.3.11条的规定。	第5.10.9-8条				
	5	闸阀安装应牢固、严密，启闭灵活，与管道轴线垂直。	第5.10.9-9条				
	6	允许偏差 水平轴线（mm）	无压管道	15			
			压力管道	30			
	7	管底高程（mm） $D_i \leqslant 1000$	无压管道	±10			
			压力管道	±30			
		$D_i \leqslant 1000$	无压管道	±15			
			压力管道	±30			
		平均合格率（%）					

施工单位检查意见		监理单位验收结论	
	质检员： 年 月 日		监理工程师： 年 月 日

井室检验批质量验收记录

附表 31

工程名称					
单位工程名称					
施工单位			分包单位		
项目经理		技术负责人		施工工长	
分部工程名称			分项工程名称		
验收部位			主要工程数量		
验收规范及图号	《给水排水管道工程施工及验收规范》GB 50268—2008				

		施工与质量验收规范的规定		施工单位检查记录	监理单位验收记录
主控项目	1	所用的原材料、预制构件的质量应符合国家有关标准的规定和设计要求。	第 8.5.1-1 条		
	2	砌筑水泥砂浆强度、结构混凝土强度符合设计要求。	第 8.5.1-2 条		
	3	砌筑结构应灰浆饱满、灰缝平直，不得有通缝、瞎缝；预制装配式结构应坐浆、灌浆饱满密实，无裂缝；混凝土结构无严重质量缺陷；井室无渗水、水珠现象。	第 8.5.1-3 条		

		施工与质量验收规范的规定					不合格点的实测偏差值或实测值	应测点数	合格点数	合格率（%）	监理单位验收记录
一般项目	1	井壁抹面应密实平整，不得有空鼓、裂缝等现象；混凝土无明显一般质量缺陷；井室无明显湿渍现象。				第 8.5.1-4 条					
	2	井内部构造符合设计要求和水力工艺要求，且部位位置及尺寸正确，无建筑垃圾等杂物；检查井流槽应平顺、圆滑、光洁。				第 8.5.1-5 条					
	3	井室内踏步位置正确、牢固。				第 8.5.1-6 条					
	4	井盖、座规格符合设计要求，安装稳固。				第 8.5.1-7 条					
	5	允许偏差	平面轴线位置（轴向、垂直轴向）（mm）			15					
	6	允许偏差	结构断面尺寸（mm）			+10，0					
	7	允许偏差	井室尺寸	长、宽（mm）		±20					
				直径（mm）							
	8	允许偏差	井口高程	农田或绿地（mm）		±20					
				路面（mm）		与道路规定一致					
	9	允许偏差	井底高程（mm）	开槽法管道铺设	$D_i\leqslant1000$	±10					
					$D_i>1000$	±15					
				不开槽法管道铺设	$D_i<1500$	+10，−20					
					$D_i\leqslant1000$	+20，−40					
	10	允许偏差	踏步安装	水平及垂直间距、外露长度（mm）		±10					
	11	允许偏差	脚窝	高、宽、深（mm）		±10					
	12	允许偏差	流槽宽度（mm）			10					
		平均合格率（%）									

施工单位检查意见	质检员： 年　月　日	监理单位验收结论	监理工程师： 年　月　日

雨水口及支、连管检验批质量验收记录表 附表32

工程名称						
单位工程名称						
施工单位			分包单位			
项目经理		技术负责人		施工工长		
分部工程名称			分项工程名称			
验收部位			主要工程数量			
验收规范及图号		《给水排水管道工程施工及验收规范》GB 50268—2008				

施工与质量验收规范的规定				施工单位检查记录		监理单位验收记录
主控项目	1	所用的原材料、预制构件的质量应符合国家有关标准的规定和设计要求。	第8.5.2-1条			
	2	雨水口位置正确，深度符合设计要求，安装不得歪扭。	第8.5.2-2条			
	3	井框、井箅应完整、无损，安装平稳、牢固；支、连管应直顺，无倒坡、错口及破损现象。	第8.5.2-3条			
	4	井内、连接管道内无线漏、滴漏现象。	第8.5.2-4条			

施工与质量验收规范的规定				不合格点的实测偏差值或实测值	应测点数	合格点数	合格率（%）
一般项目	1		雨水口砌筑勾缝应直顺、坚实，不得漏勾、脱落；内、外壁抹面平整光洁。	第8.5.2-5条			
	2		支、连管内清洁、流水通畅，无明显渗水现象。	第8.5.2-6条			
	3	允许偏差	井框、井箅吻合（mm）	≤10			
	4		井口与路面高差（mm）	−5，0			
	5		雨水口位置与道路边线平行（mm）	≤10			
	6		井内尺寸（mm）	长、宽：+20，0			
				深：0，−20			
	7		井内支、连管管口底高度（mm）	0，−20			
平均合格率（%）							

施工单位检查意见		监理单位验收结论	
	质检员： 年 月 日		监理工程师： 年 月 日

管道闭水试验记录表

工程名称		试验日期	年 月 日
桩号及地段			

管道内径（mm）	管材种类	接口种类	试验段长度（m）

试验段上游设计水头（m）		试验水头（m）	允许渗水量 [m³/(24h·km)]

	次数	观测起始时间 t_1	观测结束时间 t_2	恒压时间 T(min)	恒压时间内补入的水量 W(L)	实测渗水量 q [L/(min·km)]
渗水量测定记录	1					
	2					
	3					
	4					
	折合平均实测渗水量 [L/(min·km)]					
外观记录						
评语						

施工单位：   试验负责人：

监理单位：   设计单位：

建设单位：   记录员：

分项工程质量验收记录表　　　　　　　　　　附表34

编号：

工程名称		分项工程名称		验收批数	
施工单位		项目经理		项目技术负责人	
分包单位		分包单位负责人		施工班组长	

序号	验收批名称、部位	施工单位检查评定结果	监理（建设）单位验收结论
1			
2			
3			
4			
5			
6			
7			
8			
9			
10			
11			
12			

检查结论	施工项目技术负责人： 年 月 日	验收结论	监理工程师： （建设项目专业技术负责人） 年 月 日

分部（子分部）工程质量验收记录表

编号：

工程名称			分部工程名称		
施工单位		技术部门负责人		质量部门负责人	
分包单位		分包单位负责人		分包技术负责人	

序号	分项工程名称	验收批数	施工单位检查评定	验收意见
1				
2				
3				
4				
5				
6				
7				
8				
9				
10				
质量控制资料				
安全和功能检验（检测）报告				
观感质量验收				

验收单位	分包单位	项目经理		年 月 日
	施工单位	项目经理		年 月 日
	设计单位	项目负责人		年 月 日
	监理单位	总监理工程师		年 月 日
	建设单位	项目负责人（专业技术负责人）		年 月 日

单位（子单位）工程质量控制资料核查表　　　　　　　　附表36

工程名称			施工单位			
序号		资料名称			份数	核查意见
1	材质质量保证资料	①管节、管件、管道设备及管配件等；②防腐层材料，阴极保护设备及材料；③钢材、焊材、水泥、砂石、橡胶止水圈、混凝土、砖、混凝土外加剂、钢制构件、混凝土预制构件				
2	施工检测	①管道接口连接质量检测（钢管焊接无损探伤检验、法兰或压兰螺栓拧紧力矩检测、熔焊检验）；②内外防腐层（包括补口、补伤）防腐检测；③预水压试验；④混凝土强度、混凝土抗渗、混凝土抗冻、砂浆强度、钢筋焊接；⑤回填土压实度；⑥柔性管道环向变形检测；⑦不开槽施工土层加固、支护及施工变形等测量；⑧管道设备安装测试；⑨阴极保护安装测试；⑩桩基完整性检测、地基处理检测				
3	结构安全和使用功能性检测	①管道水压试验；②给水管道冲洗消毒；③管道位置及高程；④浅埋暗挖管道、盾构管片拼装变形测量；⑤混凝土结构管道渗漏水调查；⑥管道及抽升泵站设备（或系统）调试、电气设备电试；⑦阴极保护系统测试；⑧桩基动测、静载试验				
4	施工测量	①控制桩（副桩）、永久（临时）水准点测量复核；②施工放样复核；③竣工测量				
5	施工技术管理	①施工组织设计（施工方案）、专题施工方案及批复；②焊接工艺评定及作业指导书；③图纸会审、施工技术交底；④设计变更、技术联系单；⑤质量事故（问题）处理；⑥材料、设备进场验收；计量仪器校核报告；⑦工程会议纪要；⑧施工日记				
6	验收记录	①验收批、分项、分部（子分部）、单位（子单位）工程质量验收记录；②隐蔽验收记录				
7	施工记录	①接口组对拼装、焊接、栓接、熔接；②地基基础、地层等加固处理；③桩基成桩；④支护结构施工；⑤沉井下沉；⑥混凝土浇筑；⑦管道设备安装；⑧顶进（掘进、钻进、夯进）；⑨沉管沉放及桥管吊装；⑩焊条烘焙、焊接热处理；⑪防腐层补口补伤等				
8	竣工图					

结论：	结论：
施工项目经理： 　　年　月　日	总监理工程师： 　　年　月　日

单位（子单位）工程观感质量核查表

附表 37

工程名称				施工单位				
序号		检查项目			抽查质量情况	好	中	差
1	管道工程	管道、管道附件、附属构筑物位置						
2		管道设备						
3		附属构筑物						
4		大口径管道（渠、廊）：管道内部、管廊内管道安装						
5		地上管道（桥管、架空管、虹吸管）及承重结构						
6		回填土						
7	顶管、盾构、浅埋暗挖、定向钻、夯管	管道结构						
8		防水、防腐						
9		管缝（变形缝）						
10		进、出洞口						
11		工作坑（井）						
12		管道线形						
13		附属构筑物						
14	抽升泵站	下部结构						
15		地面建筑						
16		水泵机电设备、管道安装及基础支架						
17		防水、防腐						
18		附属设施、工艺						

观感质量综合评价	

结论：	结论：
施工项目经理： 　　　　年　月　日	总监理工程师： 　　　　年　月　日

注：地面建筑宜符合现行国家标准《建筑工程施工质量验收统一标准》GB 50300 的有关规定。

单位（子单位）工程结构安全和使用功能性检测记录表　　　　附表38

工程名称		施工单位		
序号	安全和功能检查项目		资料核查意见	功能抽查结果
1	压力管道水压试验（无压力管道严密性试验）记录			
2	给水管道冲洗消毒记录及报告			
3	阀门安装及运行功能调试报告及抽查检验			
4	其他管道设备安装调试报告及功能检测			
5	管道位置高程及管道变形测量及汇总			
6	阴极保护安装、系统测试报告及抽查检验			
7	防腐绝缘检测汇总及抽查检验			
8	钢管焊接无损检测报告汇总			
9	混凝土试块抗压强度试验汇总			
10	混凝土试块抗渗、抗冻试验汇总			
11	地基基础加固检测报告			
12	桥管桩基础动测或静载试验报告			
13	混凝土结构管道渗漏水调查记录			
14	抽升泵站的地面建筑			
15	其他			

结论：

施工项目经理：

年　月　日

结论：

总监理工程师：

年　月　日

注：抽升泵站的地面建筑宜符合现行国家标准《建筑工程施工质量验收统一标准》GB 50300 的有关规定。

钻（冲）孔灌注桩隐蔽验收记录表

工程名称		单位工程名称		承包单位		
桩号、位置		检查日期	年 月 日	分包单位		
检查部位	隐蔽验收项目	设计或规范要求	实际验收情况	验收结论		成孔断面示意图
桩孔部位	1. 桩径（cm）			承包单位自检意见： 质检员： 年 月 日		
	2. 孔底标高（m）		终孔标高（m）			
			清孔后孔底标高（m）			
	3. 沉淀物厚度（cm）					
	4. 孔底下卧层地质					
	5. 桩埋入岩层深度（m）			监理意见： 监理工程师： 年 月 日		
	6. 桩长（m）					
	7. 桩垂直度					
钢筋笼	1. 钢筋笼长度、直径、分段					
	2. 主筋规格、根数					
	3. 箍筋规格、间距					
	4. 加强筋规格、数量			会签栏		
	5. 钢筋笼分段连接方法			项目技术负责人		
	6. 钢筋笼顶标高			项目建设负责人		
	7. 钢筋连接情况			项目设计负责人		
	8. 保护层控制			项目勘察负责人		

混凝土灌注桩检验批质量验收记录 附表40

		工程名称						
		单位工程名称						
		施工单位			分包单位			
		项目经理		技术负责人		施工工长		
		分部工程名称			分项工程名称			
		验收部位			主要工程数量			
		验收规范及图号	《城市桥梁工程施工与质量验收规范》CJJ 2—2008					

		施工与质量验收规范的规定		施工单位检查记录	监理单位验收记录
主控项目	1	成孔达到设计深度后，必须核实地质情况，确认符合设计要求。	第10.7.4-1条		
	2	孔径、孔深应符合设计要求。	第10.7.4-2条		
	3	混凝土抗压强度应符合设计要求。	第10.7.4-3条		
	4	桩身不得出现断桩、缩径。	第10.7.4-4条		

		施工与质量验收规范的规定			不合格点的实测偏差值或实测值	应测点数	合格点数	合格率（%）
一般项目	1	钢筋笼制作和安装质量检验应符合本规范第10.7.1条规定，且钢筋笼底端高程偏差不得大于±50mm。		第10.7.4-5条				
	2	桩位（mm）	群桩	100				
			排架桩	50				
	3	允许偏差	沉渣厚度（mm）	摩擦桩	符合设计要求			
				支承桩	不大于设计要求			
	4		垂直度（mm）	钻孔桩	≤1%桩长，且不大于500			
				挖孔桩	≤0.5%桩长，且不大于200			
		平均合格率（%）						

施工单位检查意见		监理单位验收结论	
	质检员签名： 年 月 日		监理工程师签名： 年 月 日

模板、支架和拱架安装检验批质量验收记录（一）

工程名称						
单位工程名称						
施工单位			分包单位			
项目经理		技术负责人		施工工长		
分部工程名称			分项工程名称			
验收部位			主要工程数量			
验收规范及图号	《城市桥梁工程施工与质量验收规范》CJJ 2—2008					

		施工与质量验收规范的规定		施工单位检查记录		监理单位验收记录
主控项目	1	模板、支架和拱架制作及安装应符合施工设计图（施工方案）的规定，且稳固牢靠，接缝严密，立柱基础有足够的支撑面和排水、防冻融措施。		第5.4.1条		

		施工与质量验收规范的规定			不合格点的实测偏差值或实测值	应测点数	合格点数	合格率（%）
一般项目	1	相邻两板表面高低差（mm）	清水模板	2				
			混水模板	4				
			钢模板	2				
	2	表面平整度（mm）	清水模板	3				
			混水模板	5				
			钢模板	3				
	3	垂直度（mm）	墙、柱	$H/1000$，且不大于6				
			墩、台	$H/500$，且不大于20				
			塔柱	$H/3000$，且不大于30				
	4	模内尺寸（mm）	基础	± 10				
			墩、台	$+5$，-8				
			梁、板、墙、柱、桩、拱	$+3$，-6				
	5	轴线偏位（mm）	基础	15				
			墩、台、墙	10				
			梁、柱、拱、塔柱	8				
			悬浇各梁段	8				
			横隔梁	5				
	6	支承面高程（mm）		$+2$，-5				
	7	悬浇各梁段底面高程（mm）		$+10$，0				
		平均合格率（%）						

施工单位检查意见		监理单位验收结论	
	质检员： 年 月 日		监理工程师： 年 月 日

注：1. H为构筑物高度（mm）；

2. 支承面高程系指模板底模上表面支撑混凝土面的高程。

钢筋成型和安装检验批质量验收记录（一）　　附表 42

工程名称						
单位工程名称						
施工单位			分包单位			
项目经理		技术负责人		施工工长		
分部工程名称			分项工程名称			
验收部位			主要工程数量			
验收规范及图号		《城市桥梁工程施工与质量验收规范》CJJ 2—2008				

		施工与质量验收规范的规定		不合格点的实测偏差值或实测值	应测点数	合格点数	合格率（%）	监理单位验收记录
一般项目	1	预埋件的规格、数量、位置等必须符合设计要求。	第6.5.5条					
	2	钢筋表面不得有裂纹、结疤、折叠、锈蚀和油污，钢筋焊接接头表面不得有夹渣、焊瘤。	第6.5.6条					
	3	受力钢筋间距（mm） 两排以上排距	±5					
		同排 梁板、拱肋	±10					
		同排 基础、墩台、柱	±20					
		灌注桩	±20					
	4	允许偏差 箍筋、横向水平筋、螺旋筋间距（mm）	±10					
	5	钢筋骨架尺寸（mm） 长	±10					
		宽、高或直径	±5					
	6	弯起钢筋位置（mm）	±20					
	7	钢筋保护层厚度（mm） 墩台、基础	±10					
		梁、柱、桩	±5					
		板、墙	±3					
		平均合格率（%）						

施工单位检查意见		监理单位验收结论	
	质检员：　　　　年　月　日		监理工程师：　　　　年　月　日

墩台砌体检验批质量验收记录

工程名称				
单位工程名称				
施工单位		分包单位		
项目经理		技术负责人	施工工长	
分部工程名称		分项工程名称		
验收部位		主要工程数量		
验收规范及图号	《城市桥梁工程施工与质量验收规范》CJJ 2—2008			

		施工与质量验收规范的规定		不合格点的实测偏差值或实测值	应测点数	合格点数	合格率（%）	监理单位验收记录
一般项目	允许偏差	项目	浆砌块石	浆砌料石、砌块	—	—	—	—	—	—
		1 墩台尺寸(mm) 长	+20，−10	+10，0				
		厚	±10	+10，0				
		2 顶面高程（mm）	±15	±10				
		3 轴线偏位（mm）	15	10				
		4 墙面垂直度(mm)	≤0.5%H，且不大于20	≤0.3%H，且不大于15				
		5 墙面平整度（mm）	30	10				
		6 水平缝平直（mm）	—	10				
		7 墙面坡度（mm）	符合设计要求	符合设计要求				
		平均合格率（%）						

施工单位检查意见	质检员： 年 月 日	监理单位验收结论	监理工程师： 年 月 日

注：H 为墩台高度（mm）。

模板、支架和拱架安装检验批质量验收记录（二） 附表 44

工程名称							
单位工程名称							
施工单位			分包单位				
项目经理		技术负责人			施工工长		
分部工程名称			分项工程名称				
验收部位			主要工程数量				
验收规范及图号		《城市桥梁工程施工与质量验收规范》CJJ 2—2008					

施工与质量验收规范的规定					不合格点的实测偏差值或实测值	应测点数	合格点数	合格率（%）	监理单位验收记录
一般项目	允许偏差	1	预埋件	支座板、锚垫板、连接板等（mm）	位置	5					
					平面高差	2					
				螺栓、锚筋等（mm）	位置	3					
					外露长度	±5					
		2	预留孔洞	预应力筋孔道位置（梁端）（mm）		5					
				其他（mm）	位置	8					
					孔径	±10，0					
		3	梁底模拱度（mm）			+5，−2					
		4	对角线差（mm）		板	7					
					墙板	5					
					桩	3					
		5	侧向弯曲（mm）		板、拱肋、桁架	$L/1500$					
					桩、桩	$L/1000$，且不大于10					
					梁	$L/2000$，且不大于10					
		6	支架、拱架（mm）		纵轴线的平面偏位	$L/2000$，且不大于30					
		7	拱架高程（mm）			+20，−10					
	平均合格率（%）										

施工单位检查意见		监理单位验收结论	
	质检员： 年 月 日		监理工程师： 年 月 日

注：1. L 为计算长度（mm）；
    2. 支承面高程系指模板底模上表面支撑混凝土面的高程。

钢筋成型和安装检验批质量验收记录（二）   附表 45

工程名称					
单位工程名称					
施工单位			分包单位		
项目经理		技术负责人		施工工长	
分部工程名称			分项工程名称		
验收部位			主要工程数量		
验收规范及图号	《城市桥梁工程施工与质量验收规范》CJJ 2—2008				

		施工与质量验收规范的规定		施工单位检查记录	监理单位验收记录
主控项目	1	钢筋的连接形式必须符合设计要求。	第6.5.3-1条		
	2	钢筋接头位置、同一截面的接头数量、搭接长度应符合设计要求和本规范第6.3.2条、第6.3.5条的规定。	第6.5.3-2条		
	3	钢筋焊接接头质量应符合国家现行标准《钢筋焊接及验收规程》JGJ 18的规定和设计要求。	第6.5.3-3条		
	4	HRB335和HRB400带肋钢筋机械连接接头质量应符合国家现行标准《钢筋机械连接技术规程》JGJ107的规定和设计要求。	第6.5.3-4条		
	5	钢筋安装时，其品种、规格、数量、形状，必须符合设计要求。	第6.5.4条		

施工单位检查意见		监理单位验收结论	
	质检员： 年 月 日		监理工程师： 年 月 日

现浇混凝土盖梁检验批质量验收记录 　　　　　　　　　　附表 46

工程名称								
单位工程名称								
施工单位				分包单位				
项目经理		技术负责人			施工工长			
分部工程名称			分项工程名称					
验收部位			主要工程数量					
验收规范及图号	《城市桥梁工程施工与质量验收规范》CJJ 2—2008							

施工与质量验收规范的规定			施工单位检查记录					监理单位验收记录
主控项目	1	现浇混凝土盖梁不得出现超过设计规定的受力裂缝。	第 11.5.1-1 条					

施工与质量验收规范的规定				不合格点的实测偏差值或实测值	应测点数	合格点数	合格率（％）	
一般项目	1	盖梁表面应无孔洞、露筋、蜂窝、麻面。		第 11.5.5-3 条				
	2	盖梁尺寸（mm）	长	+20，—10				
			宽	+10，0				
			高	±5				
	3	允许偏差	盖梁轴线偏位（mm）	8				
	4		盖梁顶面高程（mm）	0，—5				
	5		平整度（mm）	5				
	6		支座垫石预留位置（mm）	10				
	7		预埋件位置（mm）	高程	±2			
				轴线	5			
	平均合格率（％）							

施工单位检查意见		监理单位验收结论	
	质检员： 年 月 日		监理工程师： 年 月 日

混凝土检验批质量验收记录

工程名称						
单位工程名称						
施工单位			分包单位			
项目经理		技术负责人		施工工长		
分部工程名称			分项工程名称			
验收部位			主要工程数量			
验收规范及图号		《城市桥梁工程施工与质量验收规范》CJJ 2—2008				

		施工与质量验收规范的规定		施工单位检查记录	监理单位验收记录
主控项目	1	水泥进场除全数检验合格证和出厂检验报告外，应对其强度、细度、安定性和凝固时间抽样复验。	第7.13.1条		
	2	混凝土外加剂除全数检验合格证和出厂检验报告外，应对其减水率、凝结时间差、抗压强度比抽样检验。	第7.13.2条		
	3	混凝土配合比设计应符合本规范第7.3节规定。	第7.13.3条		
	4	当使用具有潜在碱活性骨料时，混凝土中的总碱含量应符合本规范第7.1.2条的规定和设计要求。	第7.13.4条		
	5	混凝土强度等级应按现行国家标准《混凝土强度检验评定标准》GB/T 50107的规定检验评定，其结果必须符合设计要求，用于检查混凝土强度的试件，应在混凝土浇筑地点随机抽取。取样与试件留置应符合第7.13.5-1、7.13.5-2、7.13.5-3条规定。	第7.13.5条		
	6	抗冻混凝土应进行抗冻性能试验，抗渗混凝土应进行抗渗性能试验。试验方法应符合现行国家标准《普通混凝土长期性能和耐久性能试验方法标准》GB/T 50082的规定。	第7.13.6条		

施工单位检查意见		监理单位验收结论	
	质检员： 年 月 日		监理工程师： 年 月 日

支座安装检验批质量验收记录

工程名称				
单位工程名称				
施工单位		分包单位		
项目经理	技术负责人		施工工长	
分部工程名称		分项工程名称		
验收部位		主要工程数量		
验收规范及图号	《城市桥梁工程施工与质量验收规范》CJJ 2—2008			

		施工与质量验收规范的规定		施工单位检查记录	监理单位验收记录
主控项目	1	支座应进行进场检验。	第12.5.1条		
	2	支座安装前，应检查跨距、支座栓孔位置和支座垫石顶面高程、平整度、坡度、坡向，确认符合设计要求。	第12.5.2条		
	3	支座与梁底及垫石之间必须密贴，间隙不得大于0.3mm。垫层材料和强度应符合设计要求。	第12.5.3条		
	4	支座锚栓的埋置深度和外露长度应符合设计要求。支座锚栓应在其位置调整准确后固结，锚栓与孔之间隙必须填捣密实。	第12.5.4条		
	5	支座的粘结灌浆和润滑材料应符合设计要求。	第12.5.5条		

		施工与质量验收规范的规定		不合格点的实测偏差值或实测值	应测点数	合格点数	合格率（%）
一般项目	1	支座高程（mm）	±5				
	2	支座偏位（mm）	3				
		平均合格率（%）					

施工单位检查意见	质检员： 年 月 日	监理单位验收结论	监理工程师： 年 月 日

预制梁（板）检验批质量验收记录

工程名称							
单位工程名称							
施工单位				分包单位			
项目经理		技术负责人			施工工长		
分部工程名称				分项工程名称			
验收部位				主要工程数量			
验收规范及图号		《城市桥梁工程施工与质量验收规范》CJJ 2—2008					

		施工与质量验收规范的规定				施工单位检查记录				监理单位验收记录
主控项目	1	结构表面不得出现超过设计规定的受力裂缝。				第 13.7.3-1 条				

		施工与质量验收规范的规定				不合格点的实测偏差值或实测值	应测点数	合格点数	合格率（%）	
一般项目	1	混凝土表面应无孔洞、露筋、蜂窝、麻面和宽度超过 0.15mm 的收缩裂缝。				第 13.7.3-5 条				
	2	断面尺寸（mm）	宽			0，—10				
			高	梁		±5				
				板		—				
			顶、底、腹板厚			±5				
	3	允许偏差	长度（mm）			0，—10				
	4		侧向弯曲（mm）			$L/1000$，且不大于 10				
	5		对角线长度差（mm）			15				
	6		平整度（mm）			8				
		平均合格率（%）								

施工单位检查意见	质检员： 　　　　年　月　日	监理单位验收结论	监理工程师： 　　　　年　月　日

注：L 为构件长度（mm）。

梁、板安装检验批质量验收记录 　　　　　　　　　附表 50

工程名称				
单位工程名称				
施工单位		分包单位		
项目经理		技术负责人		施工工长
分部工程名称		分项工程名称		
验收部位		主要工程数量		
验收规范及图号	《城市桥梁工程施工与质量验收规范》CJJ 2—2008			

		施工与质量验收规范的规定		施工单位检查记录	监理单位验收记录
主控项目	1	安装时结构强度及预应力孔道砂浆强度必须符合设计要求，设计未要求时，必须达到设计强度的75%。		第13.7.3-2条	

		施工与质量验收规范的规定		不合格点的实测偏差值或实测值	应测点数	合格点数	合格率（%）
一般项目	1	混凝土表面应无孔洞、露筋、蜂窝、麻面和宽度超过0.15mm的收缩裂缝。		第13.7.3-5条			
	2	平面位置(mm)	顺桥纵轴线方向	10			
			垂直桥纵轴线方向	5			
	3	焊接横隔梁相对位置（mm）		10			
	4	湿接横隔梁相对位置（mm）		20			
	5	伸缩缝宽度（mm）		+10，-5			
	6	支座板(mm)	每块位置	5			
	7		每块边缘高差	1			
	8	焊缝长度（mm）		不小于设计要求			
	9	相邻两构件支点处顶面高差（mm）		10			
	10	块体拼装立缝宽度（mm）		+10，-5			
	11	垂直度（mm）		1.20%			
		平均合格率（%）					

施工单位检查意见		监理单位验收结论	
	质检员：　　　　　年 月 日		监理工程师：　　　　　年 月 日

桥面铺装层检验批质量验收记录

工程名称										
单位工程名称										
施工单位				分包单位						
项目经理			技术负责人			施工工长				
分部工程名称				分项工程名称						
验收部位				主要工程数量						
验收规范及图号		《城市桥梁工程施工与质量验收规范》CJJ 2—2008								

		施工与质量验收规范的规定		施工单位检查记录					监理单位验收记录
主控项目	1	桥面铺装层材料的品种、规格、性能、质量应符合设计要求和相关标准规定。		第20.8.3-1条					
	2	水泥混凝土桥面铺装层的强度和沥青混凝土桥面铺装层的压实度应符合设计要求。		第20.8.3-2条					

		施工与质量验收规范的规定			不合格点的实测偏差值或实测值		应测点数	合格点数	合格率（%）
一般项目	1	外观检查应符合下列要求：①水泥混凝土桥面铺装面层应坚实、平整，无裂缝，并应有足够的粗糙度；面层伸缩缝应直顺，灌缝应密实；②沥青混凝土桥面铺装层表面应坚实、平整，无裂纹、松散、油包、麻面；③桥面铺装层与桥头接茬应紧密、平顺。			第21.8.3-5条				
	2	允许偏差	水泥混凝土	厚度（mm）	±5				
	3			横坡	±0.15%				
	4			平整度（mm）	符合城市道路面层标准				
	5			抗滑构造深度（mm）	符合设计要求				
	6		沥青混凝土	厚度（mm）	±5				
	7			横坡	±0.3%				
	8			平整度（mm）	符合城市道路面层标准				
	9			抗滑构造深度（mm）	符合设计要求				
		平均合格率（%）							

施工单位检查意见		监理单位验收结论	
	质检员： 年 月 日		监理工程师： 年 月 日

伸缩装置检验批质量验收记录 附表 52

工程名称				
单位工程名称				
施工单位		分包单位		
项目经理		技术负责人		施工工长	
分部工程名称		分项工程名称		
验收部位		主要工程数量		
验收规范及图号	《城市桥梁工程施工与质量验收规范》CJJ 2—2008			

		施工与质量验收规范的规定	施工单位检查记录	监理单位验收记录
主控项目	1	伸缩装置的形式和规格必须符合设计要求，缝宽应根据设计规定和安装时的气温进行调整	第20.8.4-1条	
	2	伸缩装置安装时焊接质量和焊缝长度应符合设计要求和规范规定，焊缝必须牢固，严禁用点焊连接。大型伸缩装置与钢梁连接处的焊缝应做超声波检测。	第20.8.4-2条	
	3	伸缩装置锚固部位的混凝土强度应符合设计要求，表面应平整，与路面衔接应平顺。	第20.8.4-3条	

		施工与质量验收规范的规定		不合格点的实测偏差值或实测值	应测点数	合格点数	合格率（%）
一般项目	1	伸缩装置应无渗漏、无变形，伸缩缝应无阻塞。	第20.8.4-5条				
	2	允许偏差	顺桥平整度（mm）	符合道路标准			
	3		相邻板差（mm）	2			
	4		缝宽（mm）	符合设计要求			
	5		与桥面高差（mm）	2			
	6		长度（mm）	符合设计要求			
		平均合格率（%）					

施工单位检查意见		监理单位验收结论	
	质检员： 年 月 日		监理工程师： 年 月 日

防撞护栏、防撞墩、隔离墩检验批质量验收记录

工程名称				
单位工程名称				
施工单位		分包单位		
项目经理	技术负责人		施工工长	
分部工程名称		分项工程名称		
验收部位		主要工程数量		
验收规范及图号	《城市桥梁工程施工与质量验收规范》CJJ 2—2008			

		施工与质量验收规范的规定		施工单位检查记录	监理单位验收记录
主控项目	1	混凝土栏杆、防撞护栏、防撞墩、隔离墩的强度应符合设计要求，安装必须牢固、稳定。	第20.8.6-1条		

		施工与质量验收规范的规定		不合格点的实测偏差值或实测值	应测点数	合格点数	合格率（％）	
一般项目	1	混凝土结构表面不得有孔洞、露筋、蜂窝、麻面、缺棱、掉角等缺陷，线形应流畅平顺。	第20.8.6-8条					
	2	防护设施伸缩缝必须全部贯通，并与主梁伸缩缝对应。	第20.8.6-9条					
	3	允许偏差	直顺度（mm）	5				
	4		平面偏位（mm）	4				
	5		预埋件位置（mm）	5				
	6		断面尺寸（mm）	±5				
	7		相邻高差（mm）	3				
	8		顶面高程（mm）	±10				
		平均合格率（％）						

施工单位检查意见	质检员： 　　　年　月　日	监理单位验收结论	监理工程师： 　　　年　月　日

模板制作检验批质量验收记录 附表 54

工程名称				
单位工程名称				
施工单位		分包单位		
项目经理		技术负责人		施工工长
分部工程名称		分项工程名称		
验收部位		主要工程数量		
验收规范及图号	《城市桥梁工程施工与质量验收规范》CJJ 2—2008			

施工与质量验收规范的规定		施工单位检查记录	监理单位验收记录
主控项目 1	模板、支架和拱架制作及安装应符合施工设计图（施工方案）的规定，且稳固牢靠，接缝严密，立柱基础有足够的支撑面和排水、防冻融措施。	第5.4.1条	

施工与质量验收规范的规定				不合格点的实测偏差值或实测值	应测点数	合格点数	合格率（%）
一般项目	允许偏差	木模板	1	模板的长度和宽度（mm）	±5			
			2	不刨光模板相邻两板表面高低差（mm）	3			
			3	刨光模板相邻两板表面高低差（mm）	1			
			4	平板模板表面最大的局部不平（刨光模板）（mm）	3			
			5	平板模板表面最大的局部不平（不刨光模板）（mm）	5			
			6	榫槽嵌接紧密度（mm）	2			
		钢模板	7	模板的长度和宽度（mm）	0，−1			
			8	肋高（mm）	±5			
			9	面板端偏斜（mm）	0.5			
			10	连接配件（螺栓、卡子等）的孔眼位置（mm） 孔中心与板面的间距	±0.3			
				板端孔中心与板端的间距	0，−0.5			
				沿板长宽方向的孔	±0.6			
			11	板面局部不平（mm）	1.0			
			12	板面和板侧挠度（mm）	±1.0			
平均合格率（%）							

施工单位检查意见		监理单位验收结论	
	质检员： 年 月 日		监理工程师： 年 月 日

钢筋加工检验批质量验收记录

工程名称				
单位工程名称				
施工单位		分包单位		
项目经理		技术负责人		施工工长
分部工程名称		分项工程名称		
验收部位		主要工程数量		
验收规范及图号	《城市桥梁工程施工与质量验收规范》CJJ 2—2008			

施工与质量验收规范的规定			施工单位检查记录	监理单位验收记录
主控项目	1	钢筋、焊条的品种、牌号、规格和技术性能必须符合国家现行标准规定和设计要求。	第6.5.1-1条	
	2	钢筋进场时，必须按批抽取试件做力学性能和工艺性能试验。其质量必须符合国家现行标准的规定。	第6.5.1-2条	
	3	当钢筋出现脆断、焊接性能不良或力学性能显著不正常等现象时，应对该批钢筋进行化学成分检验或其他专项检验。	第6.5.1-3条	
	4	钢筋弯制和末端弯钩均应符合设计要求和本规范第6.2.3、第6.2.4条的规定。	第6.5.2条	

施工与质量验收规范的规定			不合格点的实测偏差值或实测值	应测点数	合格点数	合格率（％）
一般项目	1	钢筋表面不得有裂纹、结疤、折叠、锈蚀和油污，钢筋焊接接头表面不得有夹渣、焊瘤。	第6.5.6条			
	2	受力钢筋顺长度方向全长的净尺寸（mm）	±10			
	3	弯起钢筋的弯折（mm）	±20			
	4	箍筋内净尺寸（mm）	±5			
	5 钢筋网	网的长、宽（mm）	±10			
		网眼尺寸（mm）	±10			
		网眼对角线差（mm）	15			
平均合格率（％）						

施工单位检查意见	质检员： 年 月 日	监理单位验收结论	监理工程师： 年 月 日

桥头搭板检验批质量验收记录   附表 56

工程名称								
单位工程名称								
施工单位			分包单位					
项目经理		技术负责人			施工工长			
分部工程名称			分项工程名称					
验收部位			主要工程数量					
验收规范及图号	《城市桥梁工程施工与质量验收规范》CJJ 2—2008							

		施工与质量验收规范的规定		不合格点的实测偏差值或实测值	应测点数	合格点数	合格率（%）	监理单位验收记录
一般项目	1	混凝土搭板、枕梁不得有蜂窝、露筋，板的表面应平整，板边缘应直顺。		第21.6.4-2条				
	2	搭板、枕梁支承处接触严密、稳固，相邻板之间的缝隙应嵌填密实。		第21.6.4-3条				
	3	允许偏差	宽度（mm）	±10				
	4		厚度（mm）	±5				
	5		长度（mm）	±10				
	6		顶面高程（mm）	±2				
	7		轴线偏位（mm）	10				
	8		板顶纵坡（mm）	±0.3%				
		平均合格率（%）						

施工单位检查意见	质检员： 　　　　　年　月　日	监理单位验收结论	监理工程师： 　　　　　年　月　日

桥梁工程外观质量检查记录

序号	项目		抽查质量状况	质量评价		
				好	一般	差
1	墩（柱）、塔					
2	桥台					
3	盖梁					
4	混凝土梁					
5	钢梁					
6	拱部					
7	拉索、吊索					
8	桥面系	桥面				
9		人行道				
10		伸缩缝				
11		防撞设施				
12		排水设施				
13		栏杆、扶手				
14	附属结构	桥头搭板				
15		梯道				
16		防冲刷结构				
17		灯柱、照明				
18		防眩、隔声装置				
19	涂装、饰面					
外观质量综合评价						
检查结论						

质检员：	监理工程师：
项目技术负责人：	
项目经理： （公章）	总监理工程师： （公章）
年 月 日	年 月 日

注：质量评为差的项目，应进行返修。

桥梁工程实体质量检查记录　　　　　　　　　附表 58

第　页，共　页

工程名称							
单位工程名称							
施工单位			分包单位				
验收规范及图号			《城市桥梁工程施工与质量验收规范》CJJ 2—2008				

施工与质量验收规范的规定				检查频率		检查情况				
				范围	点数	不合格点的实测偏差值或实测值	应测点数	合格点数	合格率（％）
主控项目	桥下净空不得小于设计要求。		第 23.0.11-1 条	全数检查						
一般项目	桥梁轴线位移		10mm	每座或每跨、每孔	3					
	桥宽	车行道	±10mm		3					
		人行道								
	长度（mm）		＋200，－100		2					
	引道中线与桥梁中线偏差		±20mm		2					
	桥头高程衔接		±3mm		2					
	平均合格率（％）									

检查结论	

质检员：

项目技术负责人：

项目经理：　　　　　（公章）

　　　　　　　　　　年　月　日

监理工程师：

总监理工程师：　　　　　（公章）

　　　　　　　　　　年　月　日

桥梁工程安全和功能检验资料核查及主要功能抽查记录

工程名称			
施工单位			

序号	安全和功能检查项目	核查（抽查）意见	核查（抽查）人
1	地基土承载力试验记录		
2	桩基无损检测记录		
3	桩基钻芯取样检测记录		
4	同条件养护试件试验记录		
5	斜拉索张拉力振动频率试验记录		
6	索力调整检测记录		
7	桥梁的动、静载试验记录		
8	桥梁工程竣工测量资料		

检查结论	

质检员： 项目技术负责人： 项目经理：　　　（公章） 　　　　　年 月 日	监理工程师： 总监理工程师：　　　（公章） 　　　　　年 月 日

参 考 文 献

[1] 中华人民共和国国家规范. 建设工程文件归档整理规范 GB/T 50328—2014 [S]. 北京：中国建筑工业出版社，2014.

[2] 中华人民共和国行业标准. 城镇道路工程施工与质量验收规范 CJJ 1—2008 [S]. 北京：中国建筑工业出版社，2008.

[3] 中华人民共和国国家规范. 给水排水管道工程施工及验收规范 GB 50268—2008 [S]. 北京：中国建筑工业出版社，2008.

[4] 中华人民共和国行业标准. 城市桥梁工程施工与质量验收规范 CJJ 2—2008 [S]. 北京：中国建筑工业出版社，2008.